Wußing · Isaac Newton

1 Isaac **Newton** (4. 1. 1643–31. 3. 1727;
nach gregorianischer Zeitrechnung)

Biographien
hervorragender Naturwissenschaftler,
Techniker und Mediziner   Band 27

Isaac Newton

Prof. Dr. sc. nat. Hans Wußing

Karl-Sudhoff-Institut
für Geschichte der Medizin
und der Naturwissenschaften
an der Karl-Marx-Universität Leipzig

4. Auflage

Mit 12 Abbildungen

BSB B.G. Teubner Verlagsgesellschaft · 1990

Herausgegeben von
D. Goetz (Potsdam), I. Jahn (Berlin), H. Remane (Leipzig), E. Wächtler
(Freiberg), H. Wußing (Leipzig)
Verantwortlicher Herausgeber: E. Wächtler

Wußing, Hans:
Isaac Newton / Hans Wußing. – 4. Aufl. –
Leipzig: BSB Teubner, 1990. – 134 S. : 12 Abb. –
(Biographien hervorragender Naturwissenschaftler,
Techniker und Mediziner; 27)
NE : GT

ISBN-13: 978-3-322-00752-0   e-ISBN-13: 978-3-322-89821-0
DOI: 10.1007/978-3-322-89821-0

ISSN 0232-3516
© BSB B. G. Teubner Verlagsgesellschaft, 1990
4. Auflage
VLN 294–375/98/90 · LSV 1108
Lektor: Dr. Hans Dietrich

Gesamtherstellung: Druckhaus Freiheit Halle, BT III, Elbe-Druckerei Wittenberg
Bestell-Nr. 665 834 2

00690

Vorwort zur dritten Auflage

> Ich weiß nicht, wie ich der Welt erscheinen mag, aber mir
> selber komme ich nur wie ein Junge vor, der am Meeres-
> strande spielt und sich darüber freut, daß er ab und zu ein
> ungewöhnlich buntes Steinchen oder eine rote Muschel findet,
> während sich der große Ozean der Wahrheit in seiner uner-
> meßlichen Unerforschtheit vor ihm ausdehnt.
>
> Newton über sich selbst, kurz vor seinem Tode

In Isaac Newton begegnet uns eine zentrale Gestalt der Geschichte
der Naturwissenschaften, deren Leistung so überragend ist, daß
sie fast zur Legende wurde. Sie wird von Generation zu Generation weitergeführt, und sie versperrt, wie es zu geschehen pflegt,
den Blick auf den wirklichen, den historisch echten Menschen und
die tatsächliche Leistung mit ihrer Größe und ihren Grenzen. Bei
allem Zwang zu Beschränkungen im Umfang und in fachwissen-
schaftlichen Details ist es die Absicht dieses Büchleins, den Menschen und die Leistung von Newton auf dem Hintergrund seiner
Zeit deutlich werden zu lassen. Unvergessen seien gerade auch
in dieser Hinsicht der 1932 auf dem Internationalen Kongreß für
Wissenschaftsgeschichte in London von B. M. Hessen gehaltene
Vortrag über die sozialen und ökonomischen Wurzeln von Newtons Principia sowie die Newton-Biographie von S. I. Wawilow.
Der Dank des Autors für mancherlei Unterstützungen geht an
Herrn Professor Dr. F. Herneck (Berlin), Herrn Dr. Grattan-
Guinness (Barnet, Hertfordshire), Frau Dr. E. Schuhmann (Leip-
zig), Herrn Dr. W. Schreier (Leipzig), an Herrn Prof. Dr.
E. Wächtler (Freiberg) und Herrn Dr. D. B. Herrmann (Berlin),
für Hilfe in technischer Hinsicht an Frau G. Billhardt und Frau
B. Schlag (Leipzig) und nicht zuletzt an Herrn H. Dietrich von
dem BSB B. G. Teubner Verlagsgesellschaft.
Bei der Vorbereitung dieser dritten Auflage hat liebenswürdiger-
weise Herr Dr. E. Fellmann (Basel) die beiden früheren Auflagen
von 1977 bzw. 1978 einer kritischen Durchsicht unterzogen; ihm
sei gerade an dieser Stelle herzlich gedankt. Freundliche Unterstützung fand ich auch bei meinen Kollegen Dr. M. Franke und
M. Lorenz im Karl-Sudhoff-Institut.

Leipzig, Mai 1983   H. Wußing

Inhalt

Newton und seine Zeit

Die erste Periode der neueren Naturwissenschaft schließt –
auf dem Gebiet des Unorganischen – mit Newton ab. Es ist
die Periode der Bewältigung des gegebenen Stoffs, sie hatte
im Bereich des Mathematischen, der Mechanik und Astronomie, der Statik und Dynamik, Großes geleistet, besonders
durch Kepler und Galilei, aus denen Newton die Folgerun-
gen zog.

Friedrich Engels

Isaac Newton war Zeitgenosse, Zeuge und Mitgestalter durchgrei-
fender gesellschaftlicher Veränderungen in Europa. Seine Lebenszeit, von der Mitte des 17. Jahrhunderts bis zum ersten Drittel
des 18. Jahrhunderts, fiel in die Übergangsperiode vom Feudalis-
mus zum Kapitalismus. Politische Umgestaltungen und Revolu-
tionen, ökonomische Veränderungen, Ausbildung neuer Produktionsverhältnisse, Hervortreten neuer Produktivkräfte – das alles
gehört zu den Kennzeichen dieser Zeit. In jener Periode von etwa
1620 bis 1740, in die die Lebenszeit von Newton fiel, entfalteten
sich in den fortgeschrittenen Ländern West- und Mitteleuropas
neue, mit dem frühen Kapitalismus verbundene und aus ihm ent-
springende politische, ökonomische und kulturelle Tendenzen.
Zu Anfang des 17. Jahrhunderts hatten sich die Niederländer
in einem heroischen Freiheitskampf von der spanischen Fremd-
herrschaft befreit und eine Republik errichtet. Als Newton ein
kleiner Junge war, siegte auch in England die frühbürgerliche
Revolution. In den Jahren 1644 und 1645 errangen die bürger-
lichen Armeen unter Oliver Cromwell entscheidende Siege gegen
die Königspartei; 1649 wurde der englische König Karl (Charles) I. hingerichtet und England zur Republik (Commonwealth)
erklärt. Freilich mündete die Entwicklung Englands nach Cromwells Tode schließlich zu Lebzeiten Newtons wieder in eine konstitutionelle Monarchie, doch blieben die durch die Revolution
eingeleiteten progressiven Entwicklungstendenzen erhalten.
Newton war Zeitgenosse des französischen Königs Ludwig XIV.,
des Sonnenkönigs, unter dem Frankreich zur militärischen und
politischen Hauptmacht des europäischen Kontinents aufstieg.
Frankreich wurde zum klassischen Land der absolutistischen Staats-
form, die auf dem politischen Kompromiß zwischen den alten

Feudalkräften und der sich formierenden Bourgeoisie beruhte und durch straffe Zentralisation neue Entwicklungsmöglichkeiten eröffnete.

Zu Lebzeiten von Newton entwickelten sich Schweden, Österreich, Preußen und Rußland zu starken absolutistischen Staaten. Es erfolgte der gefährlichste Vorstoß der Türken nach Mitteleuropa, der schließlich durch österreichische, polnische und russische Heere abgewehrt werden konnte.

Überhaupt war es eine kriegerische Zeit: Als Newton geboren wurde, neigte sich auf dem Kontinent der Dreißigjährige Krieg dem Ende zu, der Deutschland ökonomisch und politisch weit hinter Frankreich und England zurückwarf. Im blutigen Nordischen Krieg zwischen Schweden und Rußland verlor Schweden die Vorherrschaft über den Ostseeraum, und Rußland erkämpfte sich den Zugang zur Ostsee. Unter dem Zaren Peter I. wurde eine neue Residenz, Petersburg (heute Leningrad) angelegt. Spanien, Portugal, die Niederlande, England und Frankreich führten Handels- und Seekriege um die riesigen Kolonialgebiete in Nord- und Südamerika, in Indien und in Südostasien und um die Anteile am Sklavenhandel aus den afrikanischen Ländern.

Im Bereich der materiellen Produktion führte steigender Bedarf zu neuen Organisationsformen, zur kapitalistischen Kooperation und zur Manufaktur. In dem Bestreben nach ökonomischer und politischer Emanzipation von den feudalen Kräften wandte sich die auch politisch sich formierende Bourgeoisie in immer stärkerem Maße den Naturwissenschaften und der Mathematik zu, die ihr Möglichkeiten zur Steigerung der Produktivität unter den neuen Produktionsverhältnissen des Frühkapitalismus eröffneten oder wenigstens zu bieten schienen. Dabei erlangten Probleme des Transports, der Kriegskunst, des Zahlungsverkehrs und des Bergbaus im Bereich der materiellen Produktion besondere Bedeutung.

Eingebunden in die gesellschaftliche Vorwärtsentwicklung konnten Mathematik und Naturwissenschaften zu einer anerkannten, ja hochgeschätzten Stellung innerhalb der Gesellschaft emporsteigen; Newton selbst hat viel dazu beigetragen.

Es kam zu einer stürmischen Entfaltung von Mathematik und Naturwissenschaften, sowohl im Methodologischen und im Theoretischen als auch im Bereich der Anwendungen. Galileo Galilei legte 1638, im Gewahrsam der Inquisition, Ansätze für eine Dynamik dar. Newton leitete eine Wende in der Optik ein und konzipierte die Gravitationstheorie; seine „Philosophiae naturalis principia mathematica" (Mathematische Prinzipien der Naturphilosophie) von 1687 vollendeten den Prozeß der Herausbildung der klassischen Mechanik.

Auch sonst war es eine große Zeit für die Entwicklung der Naturwissenschaften. Das Fernrohr eröffnete den Weg zur Beobachtung von Sonnenflecken, von Bergen und Tälern auf dem Mond, von Jupitermonden und vom Saturnring. Das Mikroskop enthüllte Ungeahntes über die Struktur der Lebewesen und erschloß die ganze neue Welt der Mikroorganismen. Die mathematische Formulierung des Brechungsgesetzes, die Konstruktion des Strahlenganges im Fernrohr, die Erfindung der Luftpumpe, die Entdeckung des Blutkreislaufes und der roten Blutkörperchen – alles das gehört zu den bedeutenden Fortschritten auf vielen Gebieten der Naturwissenschaft, in Astronomie, Optik, Wärmelehre, Pneumatik, Chemie, Physiologie.

Groß wie nie war das Vertrauen in die Kraft der Naturwissenschaften. Der englische Naturphilosoph Francis Bacon, den Karl Marx als „wahren Stammvater des englischen Materialismus und aller modernen experimentellen Wissenschaften" bezeichnet hat, hatte jene Auffassung geprägt, daß Wissen Macht sei. Kenntnisse über die Natur werden, so sagte Bacon, die Menschen in die Lage versetzen, ihre Lebensbedingungen wesentlich günstiger zu gestalten. Bacon entwarf sogar das Gemälde einer auf wissenschaftlicher Grundlage organisierten und geleiteten menschlichen Gesellschaft – ein kühner, aber freilich noch utopischer gedanklicher Vorgriff auf die Entwicklung der Wissenschaft zur Produktivkraft.

Die Konstruktion aller möglichen Mechanerien bewegte immer wieder erfinderische Geister; Maschinen zur Wasserhaltung und Förderung in Bergwerken, Flugmaschinen, Unterseeboote, Wagen, die ohne Zugtiere fahren, Schleifmaschinen, Gesteinsbohrmaschinen, Schaufelräder zum Schiffsantrieb, Mischmaschinen für die Papier- und Textilherstellung, Kräne, Seilzugaggregate, Pumpwerke, Windmühlen – alles das und noch vieles andere wurde entworfen, ausprobiert, verworfen, verbessert. In den Manufakturen fanden die ersten Arbeitsmaschinen Verwendung. Dazu trat

die Jagd nach dem perpetuum mobile, jenem unerschöpflichen
„Kraftspender" – auf dem Gebiet der Mechanik das Gegenstück
zum Stein der Weisen in der Chemie. Und Karl Marx fügt
hinzu:

Sehr wichtig wurde die sporadische Anwendung der Maschinerie im 17. Jahrhundert, weil sie den großen Geometern jener Zeit praktische Anhaltspunkte
und Reizmittel zur Schöpfung der modernen Mechanik darbot.

Newton stand auch in dieser Entwicklung; nicht zuletzt schufen
ihm erhebliche handwerkliche Fähigkeiten den in des Wortes
wahrstem Sinne handgreiflichen Zugang zur Welt der experimen-
tierenden Physik und Chemie sowie ihrer Umsetzung in die Konstruktion wissenschaftlicher und praxisdienlicher Geräte. Doch
mehr noch: Er fand die geistige Kraft, sich vom Handgreiflichen
und vom Augenschein zu lösen und auf dem Wege über Abstrak-
tion und mathematische Formulierung Grundgesetze der Natur
zu enthüllen und schließlich deren Tragweite für die Praxis wenigstens in Umrissen abzustecken.
Und so wurde der Inhalt von Newtons Forschungsergebnissen zugleich zum methodischen Leitbild für die kommende Entwicklung
der Naturwissenschaften.
Bei alledem war Newton kein einseitig auf Fachinteressen fest-
gelegter Mensch, vielmehr stand er während der zweiten Hälfte
seines Lebens voll im öffentlichen Leben, als Organisator einer
gewaltigen Geldumprägeaktion und als Präsident der Royal Society. Darüber hinaus korrespondierte er mit Künstlern und Gelehrten vieler Fachrichtungen, mit Theologen, Schriftstellern und
Politikern, nahm sogar gegen Ende eine angesehene Stellung am
Hofe des Königs ein.
Newton war Zeuge auch einer bedeutungsvollen kulturellen Entwicklung; viele ihrer Repräsentanten kannten Newton persönlich,
von Angesicht zu Angesicht oder über Korrespondenzen.
Newton war Zeitgenosse der Philosophen Baruch Spinoza, Gott-
fried Wilhelm Leibniz und John Locke, der Dichter Jean Baptiste
Molière, Jean Racine und John Milton, der Musiker Johann Seba-
stian Bach und Georg Friedrich Händel, des Malers Jean Antoine
Watteau.
Als sich das Leben Newtons dem Ende zuneigte, waren bereits
Männer geboren, die sein Erbe weiterführen sollten, Michail Was-

siljewitsch Lomonossow, Leonhard Euler, François-Marie Arouet,
genannt Voltaire, David Hume, Immanuel Kant.
Wenige Jahre nur nach Newtons Tode erblickten Männer das Licht
der Welt, die, wie James Watt und James Hargreaves zum Beispiel, das ihre dazu beitragen sollten, das neue Zeitalter der Indu-
striellen Revolution und des Fabriksystems heraufzuführen.

Kindheit. Jugend. Schulbildung

Nature and nature's laws lay hid in night.
God said: "Let Newton be!" And all was light.
Die Natur und ihre Gesetze lagen im Dunkel verborgen.
Gott sprach: „Es werde Newton!" Und alles ward klar.

Alexander Pope

Es wirkt fast wie ein Symbol, daß Newton, der das Werk von Galileo Galilei fortsetzte und vollendete, im selben Jahr[1] geboren wurde, in dem Galilei starb.

Isaac Newton erblickte das Licht der Welt am Weihnachtstag des Jahres 1642, am 25. Dezember 1642, wenn man den damals in England gültigen Kalender zugrunde legt. Das Kind, das zu früh geboren wurde, war anfangs sehr schwächlich. Aber es überlebte die kritische erste Zeit – und Newton erreichte ohne schwerwiegende körperliche Krankheiten das für die damalige Zeit bemerkenswerte Alter von 84 Jahren.

Der Geburtsort war das Gutshaus in dem kleinen Dörfchen Woolsthorpe, nahe dem mittelostenglischen Städtchen Grantham (Lincolnshire), das zu dieser Zeit etwa drei- bis vierhundert Familien umfaßt haben mag.

Isaac Newton gehörte also der sozialen Herkunft nach der Schicht der Landpächter und Großbauern an, die zwar nicht in ausgesprochener Armut lebte, aber auch nicht Reichtümer aufhäufen konnte, zumal unter den Bedingungen des schweren und langanhaltenden Bürgerkrieges.

Als Isaac geboren wurde, war der Vater, der ebenfalls Isaac Newton hieß, bereits verstorben. So fiel die Last der Erziehung ganz

---

[1] Es verhält sich etwas kompliziert mit den Datierungen: Zu Lebzeiten Newtons galt in England noch der Julianische Kalender; der heutige Gregorianische Kalender wurde in England erst 1752 eingeführt. Man müßte deshalb bei jedem Datum angeben, nach welchem Kalender gezählt wurde. Beispielsweise fiel der Geburtstag von Newton nach julianischer Rechnung auf den 25. Dezember 1642, nach gregorianischer auf den 4. Januar 1643. Außer der Differenz an Tagen hat man noch zu bedenken, daß in England nach dem Julianischen Kalender der Jahreswechsel auf Frühlingsbeginn fiel, d. h. in die zweite Hälfte des März. Wir benutzen hier durchgängig, wenn nicht anders angegeben, die zeitgenössische Datierung, rechnen aber den Jahresbeginn mit dem 1. Januar. Auf diese Weise ist ein Vergleich mit entsprechenden Briefen und Dokumenten ohne Schwierigkeit möglich.

allein der Mutter Hanna, geb. Ayscough, zu. Sie heiratete nach knapp zwei Jahren wiederum und zog zu ihrem zweiten Mann, dem Geistlichen (Reverend) Barnabas Smith, in das ganz in der Nähe liegende Dörfchen North Witham, eine Meile südlich von Woolsthorpe. Isaac blieb zunächst in Woolsthorpe, in der Obhut der Großmutter Ayscough und seines Onkels James.

Schreiben, Lesen und die Anfänge des damals noch recht bescheidenen Rechnens erlernte Isaac in zwei winzigen Tagesschulen der näheren Umgebung, in Skillington und Stoke. Im zwölften Lebensjahr wechselte Isaac an die Lateinschule in Grantham über und blieb dort vier Jahre.

Inzwischen war 1656 Newtons Stiefvater verstorben. Seine Mutter kehrte mit den drei Kindern aus zweiter Ehe – Benjamin, Mary und Hannah Smith – nach Woolsthorpe zurück. Es lag nahe, daß sie ihren nahezu erwachsenen Sohn Isaac für die ländlichen Arbeiten auf dem Hofe einsetzen und ihn zu einem Landwirt machen wollte. Die in Grantham erworbenen Kenntnisse hätten dazu auch völlig ausgereicht.

Doch dieser Plan erwies sich als undurchführbar. Isaac war inzwischen dem Lernen „verfallen" und konnte der Landarbeit keine Neigung mehr abgewinnen. Zwar weigerte er sich in keiner Weise, seine häuslichen Pflichten zu erfüllen, aber die geistigen Interessen gerieten in zunehmenden Konflikt mit den Aufgaben der Landarbeit.

Wir verdanken es der Einsicht des Rektors der Schule von Grantham, eines gewissen Mr. Henry Stokes, und eines anderen Onkels, des Reverenden William Ayscough, daß Newton den Schulbesuch fortsetzen konnte. Ihrem Drängen hauptsächlich gab die Mutter nach; im Herbst 1660 kehrte Newton nach Grantham zurück, um sich auf das Universitätsstudium vorzubereiten.

Aus Kindheit und Jugend Isaac Newtons liegen uns eine Anzahl von Berichten und Erzählungen vor, aus der Rückerinnerung niedergeschrieben von Personen, die ihn selbst oder seine Bekannten gekannt haben. Da es sich um Angaben über einen inzwischen berühmt gewordenen Gelehrten handelt, mag da und dort etwas Anekdotenhaftes eingeflossen sein. Doch können wir alle diese Berichte in dem Sinne als echt ansehen, daß sie ein im Kern wahrheitsgetreues Bild des jungen Newton entwerfen.

Der Knabe Isaac hielt sich ein wenig isoliert von den zum Raufen geneigten Jungen und hielt sich lieber bei den Mädchen auf. Doch zeigte er eine bemerkenswerte Neigung und Ausdauer zum Basteln, das mit zunehmendem Alter immer erfindungsreicher wurde und immer stärker den Charakter des wissenschaftlichen Experimentierens annahm. Wir erfahren, daß Isaac sich als Junge eine Sammlung von Werkzeug zulegte, an einer Glocke aus Holz experimentierte, eine Windmühle im Modell naturgetreu nachbildete, ihre Energieleistung zu messen suchte. Natürlich war dies mit kindlichen Verhaltensweisen untermischt: Für seine Mühle hielt er sich eine Maus als „Müller". Bei der Konstruktion von Drachen bestimmte er nicht nur die Zugkraft, er ließ auch am Seil Kerzenlichter hochsteigen, um die Dorfbewohner mit einem angeblichen neuen Kometen zu erschrecken; Kometen galten damals als Unglücksboten. Isaac baute mehrere durch Wasser angetriebene Modellmühlen und konstruierte Sonnenuhren. Daneben besaß er eine hervorragende Gabe des Zeichnens, die sich nicht nur auf technische Motive erstreckte. Auch Blumen und Tiere vermochte er in Holzkohlezeichnungen hervorragend darzustellen.

Bereits den heranwachsenden – und erst recht den erwachsenen – Newton muß man sich in dauernder Gesellschaft von Buch und Feder vorstellen. Darauf weisen auch solche Anekdoten hin, wonach er, mit der Beaufsichtigung einer Viehherde beauftragt, von seinem Onkel unter einer Hecke lesend angetroffen wurde; die Herde aber hatte sich inzwischen zerstreut.

Während seines zweimaligen Aufenthaltes in Grantham wohnte Newton bei dem Apotheker Clark; Mrs. Clark und Newtons Mutter waren eng befreundet. Die Atmosphäre in der Apotheke war für Isaac außerordentlich anregend. Hier erwarb er sich schon sehr früh die Liebe zur Wissenschaft, erlernte den Umgang mit wissenschaftlichen Büchern, und zweifellos hat er hier schon seine Neigung zu chemischen Experimenten gefaßt, die sein ganzes wissenschaftliches Leben anhielt. Schließlich waren zu jener Zeit die Apotheken die eigentlichen chemischen Laboratorien.

Insgesamt hatte der junge Newton nichts von einem Wunderkind an sich. Er verhielt sich normal. Dazu gehörte auch eine enge Freundschaft und Jugendliebe zu einer gewissen Miss Storey, die im Hause der Clarks lebte. Doch kam es nicht zu einer dauerhaften Bindung, da Newton als künftiger Student in absehbarer Zeit nicht ökonomisch imstande sein konnte, eine Familie zu gründen und zu unterhalten. Und schließlich zog im allgemeinen eine „akademische Laufbahn" an einer Universität den Übertritt in den geistlichen Stand nach sich; die Mitglieder des Lehrkörpers durften nur ausnahmsweise heiraten, da die englischen Universitäten jener Zeit noch weitgehend mittelalterlichen Zuschnitt hatten. So zerschlugen sich Newtons Heiratspläne endgültig, als sich für ihn eine akademische Karriere abzuzeichnen begann; immerhin aber blieben Newton und die spätere Mrs. Vincent noch bis ins hohe Alter freundschaftlich verbunden.

Vom Charakter her wird der junge Newton allgemein als ausgeglichen, höflich, ziemlich schweigsam und konsequent in der Verfolgung seiner Ziele geschildert. Deutliche Anzeichen weisen auf starke religiöse Erziehungsfaktoren hin; immerhin waren zwei seiner engsten Verwandten Geistliche. Auch dies, zusammen mit der allgemein durch christliches Denken geprägten geistigen Umwelt, sollte später sein Leben mitbestimmen. Aus einigen Hinweisen kann man ferner schließen, daß die Familie Newtons in den Auseinandersetzungen zwischen den Königstreuen und den Republikanern sich zur royalistischen Partei hingezogen fühlte.

Aus der Jugendzeit Newtons sind einige seiner Notizbücher erhalten geblieben. Sie weisen einen starken Hang zum Ordnen und Klassifizieren aller möglichen Erscheinungen des täglichen Lebens, der Naturerscheinungen und der Sprache aus. Sie belegen aber auch auf ihre Weise, daß sich Isaac früh mit naturwissenschaftlichen Fragestellungen befaßte, u. a. mit Farbmischungen, mit geometrischen Problemen, der Theorie der Sonnenuhren und sogar dem copernicanischen Weltsystem, u. a. m. Und schließlich sind sie ein Spiegelbild der in Grantham erworbenen Schulkenntnisse, die der Vorbereitung auf das Universitätsstudium dienten.

Latein als Sprache der damaligen Wissenschaft stand im Mittelpunkt der Ausbildung. Darüber hinaus erwarb sich Newton Kenntnisse in Griechisch und sogar in Hebräisch. Später erst erlernte er die französische Sprache, als einzige lebende fremde Sprache. Humanistische Fächer wie Geschichte des klassischen Altertums, ferner Grammatik und Logik, aber auch Bibelkunde machten weitere wesentliche Teile des Unterrichtes aus. Mathematik, insbesondere Geometrie, gehörte wohl zur Unterweisung, darunter wohl auch im Rahmen des schulmäßig Üblichen die „Elemente" des Euklid.

Der Leiter der Schule in Grantham, Mr. Stokes, scheint gewußt zu haben, daß er einen Schüler an die Universität entließ, der zu großen Hoffnungen berechtigte. Es wird uns berichtet, daß Mr. Stokes

mit dem Stolz eines Vaters seinen Lieblingsschüler in den auffallendsten Teil der Schule hinstellte und mit Tränen in den Augen eine Rede zum Lobe seines [Newtons] Charakters und seiner Fähigkeiten hielt und ihn seinen Schülern als einen geeigneten Gegenstand ihrer Liebe und Bewunderung hervorhob.

Universitätsstudium in Cambridge. Professur

> Anfang des Jahres 1665 fand ich die Annäherungsmethode
> für Reihen und die Methode, um jede Größe eines jeden
> Binoms in eine solche Reihe zu überführen. Im gleichen Jahr
> fand ich im Mai die Tangentenmethode von Gregory und
> Slusius, und im November hatte ich die direkte Methode der
> Fluxionen und im nächsten Jahr im Januar die Farbentheorie;
> und im folgenden Mai erhielt ich Zugang zu der umgekehrten
> Methode der Fluxionen. Und im gleichen Jahr fing ich an,
> darüber nachzudenken, die Schwerkraft auf die Umlaufbahn
> des Mondes auszudehnen, und (nachdem ich festgestellt hatte,
> wie die Kraft zu schätzen sei, mit der eine Kugel, die sich
> innerhalb einer Sphäre dreht, die Oberfläche der Sphäre preßt)
> leitete ... aus Keplers Regel ab, daß die Kräfte, die Planeten
> in ihren Umlaufbahnen halten, den Quadraten ihrer Entfer-
> nungen von den Mittelpunkten, um die sie kreisen, umgekehrt
> proportional sein müssen: Dabei verglich ich die erforder-
> liche Kraft, um den Mond auf seiner Umlaufbahn zu halten,
> mit der Schwerkraft an der Erdoberfläche und fand, daß sie
> dem ziemlich genau entsprach. All dies geschah in den bei-
> den Pestjahren 1665 und 1666, denn in jenen Tagen stand
> ich in der Vollkraft meiner Jahre für die Erfindung und be-
> schäftigte mich mehr als irgendwann seither mit Mathematik
> und Philosophie.
>
> Isaac Newton

Am 5. Juni 1661 wurde Newton an der altehrwürdigen Universität Cambridge, am Trinity College (Dreieinigkeitscollege) als
Student aufgenommen, und zwar als „subsizar". Damit bezeichnete man dienende Studenten, die wegen ihrer schlechten Ver-
mögenslage einige Vergünstigungen, z. B. freien Mittagstisch erhielten, dafür aber den reichen Studenten bei allerlei Dienstleistun-
gen zur Verfügung standen.

Man hat Newton gelegentlich als „Spätentwickler" bezeichnet
(A. R. Hall), da er in einem wesentlich höheren Lebensalter als
sonst üblich, etwa 4–5 Jahre später, die Universität bezog. Doch
muß man bedenken, daß Newton nicht auf glattem Wege, sondern erst nach einigen Unterbrechungen zum Universitätsstudium
gelangen konnte.

Cambridge war zur Mitte des 17. Jahrhunderts eine noch weitgehend mittelalterlich strukturierte Universität. L. T. More hat
in seiner 1934 erstmals erschienenen Biographie von Isaac Newton

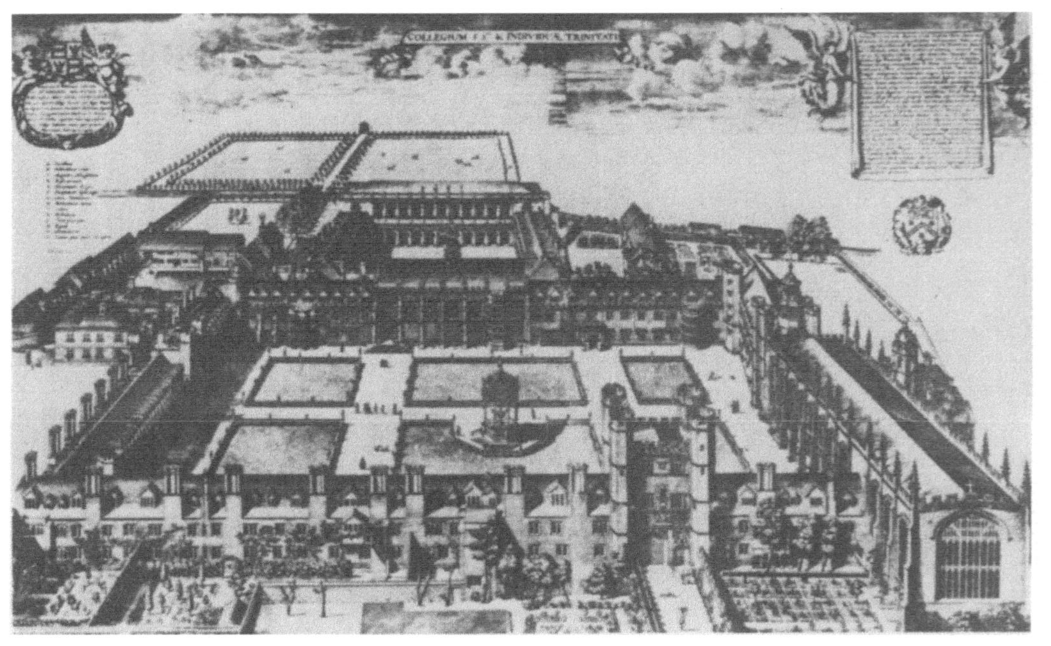

2 Das Trinity-College in Cambridge

auch sehr einprägsam die gesellschaftliche und geistige Atmosphäre
von Cambridge geschildert, auf die der junge Student stieß. Das
eigentliche Ziel der englischen Universitäten bestand damals noch
immer in der Ausbildung von Geistlichen. Auch gehörte der überwiegende Teil des Lehrkörpers dem geistlichen Stand an. Neben
den spärlichen Einkommen aus der Universitätstätigkeit flossen
ihren Angehörigen zumeist noch Einnahmen aus kirchlichen Pfrün-
den zu.
Seit der Errichtung der anglikanischen Staatskirche im 16. Jahrhundert und den seitdem ständig anhaltenden Versuchen, die ka-
tholische Kirche wieder zu etablieren, unterlagen die Lehrstühle
an den englischen Universitäten direkter politischer Beeinflussung
und wurden folgerichtig während des Bürgerkrieges in die Auseinandersetzungen zwischen den Royalisten und den Republikanern hineingezogen. Cambridge war lange Zeit eine Hochburg der
Royalisten. Der Bürgerkrieg hatte gerade in der Umgebung von
Cambridge besonders starke Verwüstungen und Zerstörungen hin-
terlassen. Die Universität hatte zahlreiche Mitglieder des Lehrkörpers verloren, da sie teils durch die Königspartei, teils durch
die Anhänger Cromwells aus ihren Lehrstühlen vertrieben worden
waren. Die Zahl der Studenten war stark gesunken; damit floß
die Haupteinnahmequelle der Universität nur recht spärlich.
Aus der Biographie von More erfahren wir, daß sogar noch zur
Mitte des 17. Jahrhunderts, als Newton seine Studien aufnahm,
die von Italien ausgegangene wissenschaftliche Revolution kaum
auf England und seine Universitäten übergegriffen hatte. Nach
wie vor wurde, insbesondere auch in Cambridge, der mittelalter-
liche scholastische Lehrbetrieb aufrechterhalten. Logik, alte Sprachen, Grammatik, alte Geschichte standen im Vordergrund. Die
alten Autoritäten wurden kommentiert und interpretiert; insbesondere Aristoteles stand noch in hohem Ansehen. Besonders auffäl-
lig ist es, daß nicht einmal die fortschrittlichen, antischolastischen
Ideen des englischen Wissenschaftsphilosophen Francis Bacon,
der eine Zeitlang eine einflußreiche politische Stellung am englischen Hofe eingenommen und Vermehrung und Anwendung des
Wissens über die Natur propagiert hatte, in Cambridge hatten Fuß
fassen können. Statt dessen erfreuten sich – neben den offiziellen
christlichen Lehrmeinungen – die Schriften des deutschen Mysti-
kers und Theosophen Jakob Böhme besonderer Wertschätzung.

Hatten sich mit dem Sieg der Republikaner und der Errichtung des Commonwealth durch Cromwell immerhin die erstarrten Züge des wissenschaftlichen Lebens in Cambridge aufzulockern begonnen, so zog nach der Restauration der Monarchie in England, 1660, eine Periode auch der Wiederbelebung des mittelalterlichen Denkens herauf.

Ein Jahr darauf trat Newton ins Trinity College ein; auch hierfür mögen entfernte verwandtschaftliche Beziehungen den Ausschlag gegeben haben. Das 1546 gegründete Trinity College hatte gegen Ende des 16. Jahrhunderts unter der Regierung der Königin Elisabeth eine bevorzugte Stellung bei der Ausbildung der einflußreichsten geistlichen Würdenträger erhalten. Auch zu Newtons Studienzeit genoß das Trinity College noch eine besondere Wertschätzung, obwohl es durch die Wirren von Revolution und Konterrevolution viel von seiner wissenschaftlichen Substanz eingebüßt hatte. Als Newton 1661 das Studium aufnahm, besaß das Trinity College nur die traditionellen Lehrstühle des scholastischen Lehrbetriebes. Zwei Jahre später, 1663, trat hier eine Wende ein, die eine große Auswirkung auf den Lebensweg von Newton haben sollte.

Ein gewisser Henry Lucas hatte dem Trinity College einen naturwissenschaftlichen Lehrstuhl gestiftet, den ersten derartigen überhaupt in Cambridge. Statutenmäßig wurde der Lehrstuhlinhaber des sogenannten Lucas-Lehrstuhls verpflichtet, im Wechsel über Geographie, Physik, Astronomie und verschiedene Gebiete der Mathematik wie Geometrie, Arithmetik und Trigonometrie Vorlesungen zu halten. Als erster wurde Isaac Barrow auf diesen Lehrstuhl berufen. Ihm, seinem einzigen akademischen Lehrer von überdurchschnittlichem Format, verdankte Newton die Hinführung zur modernen Naturwissenschaft, insbesondere zur Optik und Mathematik; auf das Verhältnis zwischen Barrow und Newton werden wir noch öfter zu sprechen kommen.

Die ersten Studienjahre Newtons verliefen nach außen hin normal; allerdings besaß er beim Experimentieren eine außerordentliche handwerkliche Fähigkeit, die aber in den Sprach- und Geschichtsfächern, dem Hauptgegenstand seiner Studien, keinerlei Rolle spielte. Dennoch steht fest, daß Newton bald schon, etwa 1664/65, die Aufmerksamkeit Barrows erregt haben muß. Insbesondere zeichnete sich Newton durch die Schnelligkeit aus, mit der er zum Verständnis der damaligen Spitzenleistungen der Naturwissenschaften und der Mathematik vorzudringen verstand. Von Barrows Urteil über Newton wird uns überliefert:

Der Doktor [Barrow] hatte eine gewaltige Hochachtung vor seinem Schüler und pflegte des öfteren zu sagen, daß er wahrhaftig Einiges an Mathematik verstehe, daß er aber im Vergleich zu Newton wie ein Kind rechne.

Vom Studentenleben Newtons, zumindest aus der Anfangszeit, sind nur kärgliche Nachrichten verbürgt. Es muß für den vom Lande stammenden heranwachsenden jungen Mann eine große Umstellung bedeutet haben, in einer für die damalige Zeit recht großen Stadt zu leben. Newtons eigene Notizen aus der Anfangszeit sind ebenfalls wenig aussagekräftig, aber sie geben Auskunft über die von ihm benutzten Bücher, solche, die er besaß und solche, die er borgte.

Newton erwarb sich während seines Grundstudiums hervorragende Lateinkenntnisse sowie einige Fähigkeiten in der griechischen und hebräischen Sprache. Während der ersten beiden Studienjahre erlernte er Arithmetik, Trigonometrie und Geometrie. Verbürgt ist die Bekanntschaft mit der heliozentrischen Lehre des Nicolaus Copernicus. Bald nachdem Barrow den Lucas-Lehrstuhl übernommen hatte, las Newton die „Optik" von Johannes Kepler. Anfang 1663 bereits fand Newton den Zugang zur „Geometrie" von René Descartes; es folgte die Lektüre mathematischer Schriften von W. Oughtred, Fr. van Schooten, François Viète und seines Lehrers Wallis. Daneben beschäftigte sich Newton mit Musiktheorie, mit optischen Experimenten, ausführlich mit Bibelkunde und anderen Problemen. Drei Jahre nach seiner Immatrikulation, 1664, wurde Newton zum Scholaren gewählt. Vorausgegangen war eine Prüfung bei Barrow.

Die Studien am Universitätsort Cambridge mußte Newton in den Jahren 1665/66/67 unterbrechen. Ein verheerender Pestzug hatte Anfang der 60er Jahre England erreicht. Man schätzt, daß allein in London während des Sommers 1665 30 000 Menschen der Seuche erlagen. Wer irgend konnte, flüchtete aus den Städten auf das Land, wo bei geringerer Bevölkerungsdichte die Ansteckungsgefahr nicht so groß war oder zumindest schien. Auch die Universität Cambridge stellte 1665 ihren Lehrbetrieb ein. Newton zog sich in sein Heimatdorf Woolsthorpe zurück. Vermutlich war er von

August 1665 bis 25. 3. 1666 und dann noch einmal vom 22. 6.
1666 bis zum 25. 3. 1667 in seiner Heimat.

Dort, in ländlicher Abgeschiedenheit – nach seinen bisherigen
Studien bereits mit Haupttendenzen der damaligen Naturforschung
vertraut –, erlebte Newton die produktivste Phase seines Lebens
als Wissenschaftler. Auf allen seinen Hauptarbeitsgebieten – Optik, Mathematik, Gravitationstheorie, Chemie, Naturphilosophie –
konzipierte Newton bereits in diesen knapp zwei Jahren die
Grundideen und fand sogar schon einige endgültige Lösungen.
Aber es sollte teilweise noch Jahrzehnte dauern, ehe diese Ideen
ausreiften, und noch länger, ehe sie im Druck öffentlich bekannt
gemacht wurden. Es ist, als sei in dem am Beginn seines dritten
Lebensjahrzehntes stehenden Newton das spätere wissenschaftliche
Programm vorgeformt worden; sein weiteres Leben diente der
Entfaltung, Durchbildung und Vermittlung der bereits 1665/66
geleisteten Gedankenarbeit. Wie in einer Ouvertüre zu einer Oper
klingen hier schon die Motive der entscheidenden Arien an.

An der Tatsache, daß Newtons Hauptentdeckungen bereits so
früh erfolgten. kann und braucht nicht gezweifelt werden. Dafür
bürgen seine eigenen Notizen, die während dieser Zeit niedergeschriebenen Teilstücke zu späteren Abhandlungen und schließlich
die ihm eigene Art der gewissenhaften Berichterstattung. Wir
dürfen sogar Newtons Rückerinnerungen an diese Zeit als im
Prinzip völlig richtig ansehen, auch wenn sie teilweise in großem
zeitlichem Abstand niedergeschrieben wurden.

Aus der Woolsthorper Zeit wird auch jene berühmte Anekdote
erzählt, daß Newton, unter einem Apfelbaum sitzend und über
die Anziehung durch die Erde nachdenkend, von einem fallenden
Apfel auf den Gedanken gebracht wurde, daß sich Erde und
Apfel gegenseitig anziehen und daß es eine im gesamten Weltall
wirkende Gravitationskraft gäbe, deren Stärke proportional zu
den sich anziehenden Massen ist.

Dem Buchstabensinne nach kann man diese Erzählung nicht als
wahr ansehen, zumal wir wissen, wie aus dem richtigen historischen Kern – Beschäftigung mit Gravitation – die Anekdote zu
einer literarischen Kostbarkeit emporgehoben wurde. Auf dem
Wege über eine Nichte von Newton und den französischen Philosophen Bernard Le Bovier de Fontenelle nahm sie bei dem französischen Aufklärungsphilosophen Voltaire insofern eine Schlüs-

selstellung ein, als er sich bemühte, die moderne Naturwissenschaft, insbesondere die Newtonsche Gravitationstheorie, auf dem Kontinent bekannt zu machen. Voltaire hatte sie 1730 während seines Englandaufenthaltes kennengelernt und schrieb darüber mehrfach, u. a. in den „Eléments de la philosophie de Neuton" (Elemente der Newtonschen Philosophie, 1738). Voltaires Freundin, die hochgebildete Marquise du Châtelet, übertrug sogar die Newtonschen „Principia" ins Französische und verhalf damit Newtons Gravitationstheorie zu einer großen Resonanz auf dem Festland.

Aber wenden wir uns nach dieser Abschweifung wieder Newton zu. Nach dem Abklingen der Pest kehrte er gegen Ostern 1667 nach Cambridge zurück und wurde noch im selben Jahre, im Herbst 1667, zum „minor fellow" gewählt und gehörte damit dem Lehrkörper der Universität an. Die nächsten Stufen folgten rasch: Er wird im März 1668 „major fellow" und unmittelbar darauf, im Jahre 1668, „master of arts" (Magister). Und schon ein Jahr darauf, 1669, wurde Newton Professor der Mathematik und stand damit schon in jungen Jahren auf der obersten Sprosse der damaligen akademischen Stufenleiter.

Es ist eine historische Ehrenschuld, an dieser Stelle der Persönlichkeit Isaac Barrow zu gedenken. Ihm verdankt Newton viel, die Orientierung auf fruchtbare wissenschaftliche Fragestellungen, eine persönliche Freundschaft, und schließlich verzichtete Barrow 1669 zugunsten Newtons auf seinen Lehrstuhl und schuf ihm damit gesicherte Arbeitsmöglichkeiten.

Barrow war eine interessante Gestalt im politischen und wissenschaftlichen Leben Englands im Spannungsfeld zwischen absoluter Monarchie, der Republik Cromwellscher Prägung und der Restauration der Königsherrschaft. Barrow gehörte der royalistischen Partei an und verließ daher nach Errichtung der Republik freiwillig England, um sich auf Reisen zu begeben, die ihn bis nach Kleinasien führten. Nach der Restauration 1660 erhielt er an der Universität Cambridge anfangs einen Lehrstuhl für griechische Sprache, 1662 den für Philosophie in London und 1663 den Lehrstuhl für Mathematik in Cambridge, eben den Lucas-Lehrstuhl. Auf Grund seiner hervorragenden Kenntnisse in Theologie, alten Sprachen, Mathematik und Naturwissenschaften konnte er alle diese vielseitigen Tätigkeiten voll ausüben. Seine eigenen

3 Isaac Barrow

Beiträge zur Mathematik und Optik wurden schrittmachend und führten Newton direkt an die Front der Forschung, zumal sich zwischen dem Studenten Newton und dem nur verhältnismäßig wenig älteren Professor Barrow enge persönliche Beziehungen einstellten.
Durch die Weitsicht und das uneigennützige Verhalten von Barrow, der als Geistlicher zunächst nach London ging, dann aber 1672 als Vorsteher des Trinity College nach Cambridge zurückkehrte, gelangte Newton auf den Lucas-Lehrstuhl. Übrigens erhielt er eine Sondererlaubnis vom König, daß er als Fellow am Trinity College bleiben dürfe, ohne Geistlicher werden zu müssen.

24

Vom Jahre 1670 an nahm Newton seine Vorlesungstätigkeit auf.
Die Stoffgebiete umfaßten – den Verpflichtungen der Lucas-Professur entsprechend – Optik, Mathematik und Mechanik. Nach heutigen Vorstellungen war Newton nur zu einer höchst geringen Anzahl von Vorlesungsstunden verpflichtet, acht im Jahr! Bis zu einem gewissen Grade glich Newton dies dadurch aus, daß er über seine Forschungsergebnisse berichtete, also über brandneue Wissenschaft. Dies aber hatte wiederum zur Folge, daß die Studenten im allgemeinen wenig Gewinn aus den anspruchsvollen Vorlesungen ziehen konnten. Sie verstanden die neuartigen Ideen nicht, die so sehr vom traditionellen Denken der mittelalterlich orientierten Wissenschaft abwichen. Trotz aller Bemühungen und trotz klarer Vortragsweise vermochte Newton das geringe Interesse seiner Studenten an den Lehrveranstaltungen der Frühzeit in Cambridge nicht recht anzufachen, obwohl er seine Vorlesungen gelegentlich ziemlich hochtrabend, nahezu reißerisch ankündigte.

Es war weniger der Hochschullehrer, sondern der Forscher Newton, der sich Ruf und bald Ruhm erwarb. Hier liegen seine Hauptverdienste, auch während der Zeit seines akademischen Lehramtes.

Frühe optische Studien. Spiegelteleskop

Die mit Dioptik beschäftigten Forscher stellen sich vor, daß die Sehgeräte mit Hilfe von Gläsern bis zu einem beliebigen Grade vervollkommnet werden können, wenn man ihnen durch Schleifen die gewünschte geometrische Form gibt. Zu diesem Zweck wurden die verschiedensten Instrumente mit Benutzung von Gläsern in hyperbolischen und auch parabolischen Formen erdacht, aber man arbeitete vergebens. Und damit man nicht weiterhin Arbeit an eine hoffnungslose Sache vergeudet, erkühne ich mich zu warnen, ...

I. Newton, 1669

Von allen naturwissenschaftlichen Entdeckungen, die Newton in der ländlichen Stille während der Pestjahre 1665/67 gemacht oder konzipiert hatte, reiften zuerst die Ideen und Studien zur Optik aus. Auf diesem Gebiet sollte er auch zuerst als ein führender Naturforscher Anerkennung finden.

Zur Mitte des 17. Jahrhunderts befand sich die Optik als physikalische Disziplin in stürmischer Entwicklung und zugleich hinsichtlich ihrer theoretischen Grundlagen in einer schwierigen, unsicheren Lage. Kein Wunder, daß Untersuchungen zur Optik ein unter den Forschern vieldiskutiertes Thema darstellten.

Die Antike hatte immerhin den Teil der geometrischen Optik hervorgebracht, der, unter Verwendung des Reflexionsgesetzes, auf geometrische Konstruktionen des Verlaufes von Lichtstrahlen hinauslief. Euklid von Alexandria hatte in seinen Schriften „Optika" und „Katoptrika" hervorragende Darstellungen der Lehre von der Reflexion, d. i. der Theorie der Spiegelbilder geliefert. Bei dem antiken Astronomen und Mathematiker Ptolemaios und dem arabischen Gelehrten Ibn al-Haitham (lat. Alhazen) finden sich Niederschriften über Messungen der jeweiligen Brechungswinkel von Lichtstrahlen beim Eintritt in Wasser.

Hinsichtlich der Natur des Lichtes hatten nebeneinander zwei Auffassungen existiert: Nach der von den materialistischen Philosophen Epikur und Lukrez vertretenen Meinung lösen sich von dem Gegenstand winzig kleine Bildchen, die ins Auge gelangen. Nach Meinung der pythagoreischen Schule und der des idealistischen Philosophen Platon gehen dagegen Sehstrahlen vom Auge aus und werden vom Gegenstand ins Auge zurückgeworfen.

Das sog. christliche Mittelalter lieferte nur geringe Beiträge zur

Optik. Erwähnenswert sind jedoch das Aufkommen von Brillen, eine schon recht gute Erklärung des Regenbogens durch Dietrich von Freiberg (13. Jahrhundert) und die Nacherfindung der Camera obscura. Sie diente im 16./17. Jahrhundert sogar als wissenschaftliches Instrument, etwa zur Beobachtung von Sonnenflecken.

Mit dem beginnenden 17. Jahrhundert, während der Zeit des sich entfaltenden Frühkapitalismus, begann eine neue Entwicklungsetappe der Optik. Thomas Harriot in England und Willebrord Snellius in den Niederlanden entdeckten und formulierten 1601 bzw. 1621 das Brechungsgesetz. Aber erst zur Mitte des Jahrhunderts erlangte es durch vielerorts angestellte experimentelle Nachprüfungen allgemeine Anerkennung.

Es kam hinzu, daß Descartes in seiner Theorie des Regenbogens und in seiner Abhandlung „Dioptrique" (1637) dieses Gesetz dargelegt hatte. Und schließlich trug Pierre de Fermat wesentlich zur allgemeinen Übernahme des Brechungsgesetzes durch die Gelehrten bei, als er es (um 1662) aus dem Minimalprinzip vom kürzesten Lichtweg ableiten konnte.

Mittlerweile waren zwei gänzlich neuartige optische Instrumente erfunden worden, Mikroskop und Fernrohr. Beide Erfindungen wurden von niederländischen Brillenmachern und Linsenschleifern gemacht, und zwar nicht zufällig, sondern durch systematisches Ausprobieren von Linsenkombinationen. Das Mikroskop dürfte um 1600 von Zacharias Jansen, das Fernrohr (umstrittenerweise) um 1610 von Hans Lippershey angegeben worden sein. Beide Instrumente waren bald in ihrer großen Bedeutung für den Fortgang der Wissenschaften anerkannt. Die Geschichte ihrer Erfindung ist aber nach wie vor in Dunkel gehüllt; es werden auch andere Datierungen, Erfinder und Ursprungsorte genannt.

Mit dem Mikroskop wurde die Mikrowelt der Kleinlebewesen und der biologischen Feinstrukturen erschlossen; zur Mitte des 17. Jahrhunderts waren Marcello Malpighi in Italien, Antony van Leeuwenhoek und Jan Swammerdam in den Niederlanden berühmte „Mikroskopisten" – um die Bezeichnung der damaligen Zeit zu gebrauchen. Und als Newton schon studierte, veröffentlichte sein Landsmann Robert Hooke im Jahre 1665 die „Micrographia", in der neben der Beschreibung von Tieren und Pflanzen und ihren mikroskopisch kleinen Teilen auch eine Theorie über

das Entstehen der Farben dargelegt wurde, mit der sich Newton
alsbald auseinandersetzen mußte.

Zu Newtons Zeit mögen die allerbesten Mikroskope eine höch-
stens vierhundertfache Vergrößerung erreicht haben. Obwohl sich
Newton nicht langanhaltend mit Mikroskopen beschäftigt hat,
äußerte er in den „Opticks" die Erwartung auf so gute Mikroskope, daß die korpuskulare Struktur der Stoffe erkennbar werden würde:

Denn wenn diese Instrumente so weit verbessert sind oder verbessert werden können, daß sie mit genügender Schärfe Objekte 5 oder 600mal größer
erscheinen lassen, als wir sie mit unbewaffnetem Auge in 1 Fuß Entfernung
sehen, dann hoffe ich, werden wir im Stande sein, einige der größten dieser Körperteilchen zu entdecken, und durch ein 3 bis 4 000 mal vergrö-
ßerndes Mikroskop können sie wohl alle entdeckt werden, mit Ausnahme
derer, die das Schwarz hervorbringen.

Das Fernrohr erschloß den Makrokosmos und lieferte ebenfalls
eine Fülle neuer, sogar unerwarteter Entdeckungen. Während Johannes Kepler in seiner Schrift „Dioptrice" (1611) den Strahlen-
gang im Fernrohr anzugeben sich bemühte, richtete Galileo Galilei als erster das von ihm nachgebaute Fernrohr auf den Himmel
und fand u. a., daß der Mond keineswegs – wie es die traditio-
nelle Naturlehre jahrtausendelang behauptet hatte – glatt war,
sondern Berge und Täler besaß, daß die Venus Phasen zeigt und
daß der Jupiter Monde besitzt.

Für die beobachtende Astronomie brach eine große Zeit an; Christiaan Huygens zum Beispiel konnte 1655 die rätselhaften Form-
änderungen des Saturns mit Hilfe eines verbesserten Fernrohres
optisch als Zentralkörper mit Ring auflösen, dessen Neigungs-
ebene sich gegenüber dem irdischen Betrachter änderte.

Der Wettlauf um leistungsfähigere Linsenfernrohre stieß indes –
bei beiden Typen, sowohl dem Keplerschen oder astronomischen
Fernrohr (zwei Sammellinsen) als auch bei dem Galileischen oder
holländischen oder terrestrischen Fernrohr (eine Sammellinse,
eine Zerstreuungslinse) – auf konstruktive Hindernisse, die durch
die sphärische und chromatische Aberration der Linsen bedingt
waren. Die Verwendung großer Brennweiten mit relativ geringen
Linsenfehlern führte indes zu überdimensional langen Fernrohren,
die – bis zu 60 m lang – auf gewaltigen Gerüsten montiert werden mußten, in sich vibrierten, im Winde schwankten und daher

schwierig zu handhaben waren. Hinsichtlich der sphärischen Aberration hätten, wie u. a. schon Kepler und Descartes erkannt hatten, hyperbolisch bzw. elliptisch (statt kugelförmig) geschliffene Linsen Abhilfe geschaffen; doch war dieses technologische Problem damals – und noch lange – weit von jeder Lösung entfernt. Auch Newton bemühte sich vergeblich.

Die chromatische Aberration aber, das Auftreten von Farbrändern, hielt man für völlig unvermeidbar; sie trat sowohl in den sphärischen als auch in den asphärischen Linsen auf. In diesem Punkte mußten also Linsenfernrohre prinzipiell als nicht verbesserungsfähig erscheinen – ein Irrtum, dem auch Newton erlag und der erst im 18. Jahrhundert durch die Herstellung von Achromaten in der Praxis widerlegt werden konnte. Immerhin aber erwies sich dieser Irrtum historisch gesehen als positiv; er führte zur Konstruktion des Spiegelteleskopes.

Beim Nachdenken über andere optische Konstruktionen hatten verschiedene Gelehrte, unter ihnen der Galilei-Schüler Bonaventura Cavalieri und der schottische Mathematiker James Gregory, die Idee entwickelt, zur Vermeidung der chromatischen Aberration statt der Sammellinse einen sphärischen Spiegel zu gebrauchen. Es ist erwiesen, daß Newton selbständig ebenfalls auf den Gedanken verfiel, ein Spiegelteleskop zu konstruieren. Er hat überdies später gerechterweise anerkannt, daß andere vor ihm sich mit dieser neuen Art von Fernrohr beschäftigt hatten.

Newton aber setzte die Idee in die Tat um; sein allererstes Modell war 1668 fertiggestellt. Freilich war es noch unvollkommen und auch sehr klein: Der Spiegel hatte nur etwa 25 mm Durchmesser, die gesamte Länge betrug kaum 15 cm. Dennoch: In einem Brief konnte er stolz über den bemerkenswerten Erfolg dieses ersten Musters berichten:

Zwar bildet es, wegen der schlechten Materialien und wegen der Notwendigkeit, gut zu polieren, nicht so deutlich ab wie ein sechs Fuß langes Fernrohr; ich denke jedoch, mit ihm kann man ebensoviel entdecken wie mit jedem drei oder vier Fuß langen Fernrohr, insbesondere dann, wenn die Objekte leuchtend sind. Ich habe Jupiter ganz rund gesehen mit seinen Satelliten, und Venus mit den Phasen. Ich habe ... einen kurzen Bericht über jenes kleine Instrument gegeben, das, obgleich als solches verächtlich, doch als ein Vorgriff auf das betrachtet werden kann, was auf diese Weise geleistet werden könnte.

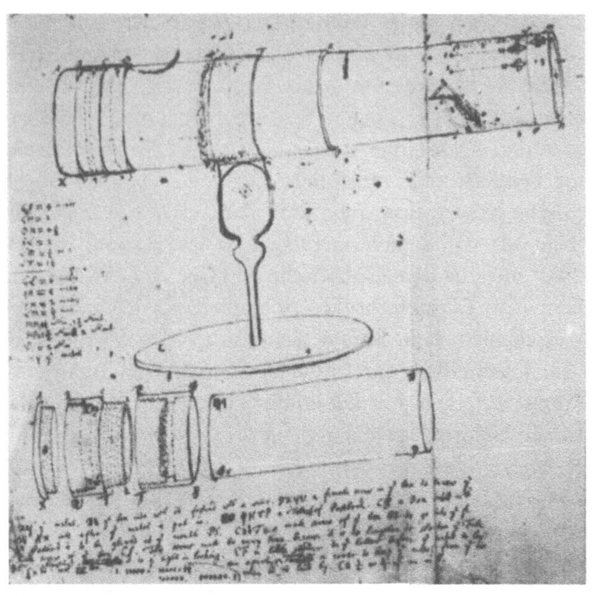

4 Eigenhändiger Entwurf Newtons zum Spiegelteleskop

Dieses erste Exemplar ging verloren. Im Jahre 1671 war ein zweites, wesentlich verbessertes fertiggestellt. Es wurde der Royal Society zur Prüfung übersandt und, da die Astronomie auch Mode bei Hofe war, dem König im Herbst 1671 vorgeführt – und für gut befunden. Daraufhin wurde Newton am 11. Januar 1672 wegen dieser Erfindung zum Mitglied der Royal Society gewählt. Mit einem Schlage fast war er unter die bekanntesten Gelehrten seines Landes aufgerückt. Seitdem nahm übrigens auch der Briefwechsel Newtons nach Umfang und der Menge der Adressaten rasch zu.

Das zweite Exemplar eines Spiegelteleskopes blieb erhalten; es ist heute eines der kostbarsten Stücke der Sammlungen der Royal Society.

Newton selbst hat sich noch rund zehn Jahre mit der Konstruktion und dem Bau von Spiegelteleskopen befaßt. Doch ist nichts von irgendeiner ständigen astronomischen Beobachtungstätigkeit Newtons bekannt. Es hing dies wohl auch damit zusammen, daß er stark kurzsichtig war.

30

5 Newtons zweites Spiegelteleskop

Auch beim Bau der Spiegelteleskope kam ihm seine erstaunliche handwerkliche Geschicklichkeit zugute. Eigenhändig konstruierte er die Schleif und Poliermaschinen, erprobte Schleifmittel und Metallegierungen und Methoden, um den Metallspiegel möglichst glatt und einwandfrei zu erhalten; schließlich war dies das Kernproblem und der Spiegel das entscheidende Konstruktionselement.

Newton hat auf das genaueste auch die technischen Verfahren des Spiegelschleifens und die dabei auftretenden Schwierigkeiten geschildert. Einmal, im Brief vom Anfang 1672, schreibt er an den Sekretär der Royal Society, an Oldenburg:

Ich ersehe aus Ihrem letzten Brief, daß einige Mitglieder der ehrenwerten Gesellschaft eine für größere Spiegelteleskope geeignete Metall-Legierung suchen. Lassen Sie mich Ihnen bei der Suche nach einer harten und dauerhaften Metall-Legierung die Warnung geben, keine zu wählen, die voll von mikroskopisch kleinen Poren ist. Denn obwohl eine solche dem Anschein nach gut poliert werden kann, werden doch die Ränder der Poren schneller abgeschliffen als die anderen Teile des Metalls, so daß das scheinbar gut polierte Metall doch nicht ganz regelmäßig reflektiert, ... Ich füge noch hinzu, daß Polierpulver oder andere Poliermittel sehr scharfkantige Partikel haben, die in die Metallfläche winzige Risse machen, wenn sie nicht selbst äußerst fein sind.

Aber auch die polierten Spiegel wurden rasch blind, bei allen verschiedenartigen Metallegierungen. Daraufhin schlug Newton immerhin vor, geschliffene Gläser auf der Rückseite mit Quecksilber zu belegen, um so einwandfreie Spiegel zu erhalten. Aber auch dies stieß damals auf unüberwindbare technologische Schwierigkeiten. So kam es, daß Spiegelteleskope erst später einen festen Platz unter den astronomischen Instrumenten einnehmen konnten.

Die Royal Society

Wissen ist Macht.   Francis Bacon

Mit der Wahl zum Mitglied der Royal Society in London fand
Newton den Kontakt zur führenden wissenschaftlichen Einrich-
tung Englands. Von nun an verband sich sein Leben als Forscher
und wissenschaftlicher Autor aufs engste mit der Royal Society,
mit ihrer geistigen Struktur und mit ihren Mitgliedern. Es ist daher nützlich und zum Verständnis der Leistung und des Verhal-
tens von Newton notwendig, sich ein wenig mit der Geschichte
der Royal Society zu befassen.
Die Gründung der Royal Society war einer allgemeinen historischen Tendenz gefolgt. Während der Periode des Frühkapitalismus wurde die neue Wissenschaft im wesentlichen nicht von den
Gelehrten an den unter kirchlicher Oberhoheit stehenden Universitäten hervorgebracht, sondern von einer Schicht von Büchsen-
meistern, Rechenmeistern, Handwerkern, Zeugmeistern, Ärzten,
bildenden Künstlern, Ingenieuren, Baumeistern, die ihrerseits eng
mit der Entwicklung der frühkapitalistischen Produktivkräfte verbunden waren und für die es die Sammelbezeichnung „Virtuosi"
oder „Artefici" gab. Sie konnten ihrer sozialen Stellung nach, aber
auch aus Mangel an Lateinkenntnissen, nicht an den Stätten der
offiziellen Wissenschaft, den Universitäten, Fuß fassen! Folgerichtig tauschten sie ihre Erfahrungen auf dem Wege zu neuen Einsichten untereinander aus, experimentierten gemeinsam und schlossen sich in eigenen Vereinigungen zusammen. Solche „Akademien"
fanden nach und nach das Interesse auch der Universitätswissen-
schaftler, vor allem aber auch der Fürsten und Herrscher, die
über die Akademien Ansehen, Macht und ökonomischen Fortschritt zu erzielen hofften. Bereits im ausgehenden 16. Jahrhundert gab es einige Akademiegründungen, die die neue Experimentalwissenschaft zu fördern suchten. Sie wurden jedoch zum größten Teil durch Intervention der katholischen Kirche unterdrückt.
Zur Mitte des 17. Jahrhunderts aber hatten sich die Kräfte des
Frühkapitalismus so gefestigt, daß Akademiegründungen von Bestand waren. Im absolutistischen Frankreich zum Beispiel, wo es

auch mehrere, zunächst private Vereinigungen von Liebhabern der neuen Wissenschaft gab, wurde 1666 durch Beschluß des mächtigen Finanzministers Colbert die „Königliche Französische Akademie der Wissenschaften" gegründet. Sie erhielt erhebliche finanzielle Unterstützung, einige Räume, Instrumente und zugleich wissenschaftlich-technische Aufträge des französischen Staates.

Die Gründungsgeschichte der englischen Akademie, die den Namen Royal Society erhielt, besitzt zwei ganz konkrete, für das Land spezifische historische Wurzeln.

Der eine Ansatzpunkt besteht in der mit dem Namen Francis Bacon gekennzeichneten geistigen Strömung, die die Förderung der Wissenschaften im Interesse der frühkapitalistischen Entwicklung propagierte. Nachdrückliche Impulse löste Bacon selbst mit seinem Buch „Nova Atlantis" (1643) aus. Dort schilderte er einen Inselstaat, der von einer Gelehrtenvereinigung dadurch zu einem glückhaften Gedeihen geführt wird, daß die Wissenschaft zum Nutzen der Menschen weiterentwickelt und angewandt wird.

Die andere, mehr handfest-praktische historische Wurzel geht zurück auf einen wohlhabenden Manufakturwarenhändler und Finanzmann Thomas Gresham, der übrigens auch in London die Börse begründete. Dieser hervorragende Repräsentant des englischen Frühkapitalismus stiftete eine Ausbildungsstätte, die u. a. der Unterrichtung der englischen Seeleute und Seeoffiziere dienen sollte. Sieben Professorenstellen wurden eingerichtet; Rechenkunst, Geometrie, Navigation und Astronomie standen dem Zwecke der Schule entsprechend im Vordergrund des Ausbildungsganges.

Das Gresham-College in London wich damit nach Ziel und Inhalt des Lehrbetriebes deutlich von den Universitäten ab; es entwickelte sich in der ersten Hälfte des 17. Jahrhunderts zum Mittelpunkt der Bemühungen um die neue Wissenschaft. So wirkte dort u. a. der Geometrieprofessor Henry Briggs, dem man die Verbreitung der dekadischen Logarithmen als eines Rechenhilfsmittels, u. a. für die Navigation auf hoher See, verdankt.

Ganz natürlich bot sich das Gresham-College so als Ort der Begegnung für die englischen Freunde der Experimentalwissenschaft an. Seit 1645 traf man sich regelmäßig, und man legte sich den Namen „Philosophical College" zu, was nach heutigem Sprachgebrauch etwa „Naturwissenschaftliches College" bedeutet. Im Jahre 1660 gab sich die Gruppe ein Statut. Schließlich erhielt sie

nach der Restauration der Monarchie 1662 durch König Karl II.
ein Privileg als „Royal Society for the Improvement of Natural
Knowledge" (Königliche Gesellschaft zur Vervollkommnung und
Nutzanwendung der Naturkenntnisse). Allerdings blieb die Royal
Society eine private Gesellschaft, und die Förderung durch den
König beschränkte sich im wesentlichen auf aufmunternde, gele-
gentlich halbspöttische Bemerkungen.

Zum Kern, zu den Initiatoren der Royal Society gehörten beispielsweise Christopher Wren, ein Mathematiker und Architekt,
der den Neuaufbau Londons nach dem großen Brand geleitet
und unter anderem die berühmte St. Pauls-Kathedrale in London
errichtet hatte, der einfallsreiche Experimentator und Physiker
Robert Hooke, der sehr vermögende und vielseitige Chemiker und
Physiker Robert Boyle sowie die Mathematiker John Wallis und
William Brouncker.

Gerade mit diesen Personen nun gelangte Newton in engen persönlichen und wissenschaftlichen Kontakt; sie werden seine Part-
ner bei der Neugestaltung der Naturwissenschaften werden.

Glückliche Umstände sorgten dafür, daß ein Brief von Wallis erhalten blieb; für uns ist dies ein sehr aufschlußreiches Dokument
über die Interessengebiete der damaligen Naturwissenschaft.

Um das Jahr 1645, während ich in London lebte (zu einer Zeit, als durch
unsere Bürgerkriegswirren akademische Studien an unseren beiden Universitäten [gemeint sind Oxford und Cambridge – H. W.] vielfach unterbro-
chen waren) ... hatte ich Gelegenheit, verschiedene ehrenwerte Personen
zu kennen, die wißbegierig auf Naturphilosophie und andere Teile der
menschlichen Gelehrsamkeit waren und speziell auf das, was wir Neue
Philosophie oder Experimentalphilosophie nannten. Gemäß einer Überein-
kunft trafen sich einige von uns wöchentlich an einem bestimmten Tage
in London, um derartige Dinge zu behandeln und zu diskutieren ... Unsere
Aufgabe bestand darin (Gegenstände der Theologie und der Regierungsgeschäfte waren ausgeschlossen), philosophische Untersuchungen und ver-
wandte Probleme zu diskutieren und zu betrachten; wie Physik, Anatomie,
Geometrie, Astronomie, Navigation, Statik, Magnetik, Chemie, Mechanik
und Naturexperimente; mit dem Zustand dieser Studien, wie sie gepflegt
wurden in der Heimat und im Ausland. Wir diskutierten demnach den Blut-
kreislauf, die Klappen in den Adern, ..., die Lymphgefäße, die Coperni-
canische Hypothese, die Natur der Kometen und der neuen Sterne, die
Monde des Jupiter, die ovale Form (wenn sie auftritt) des Saturn, die
Flecken der Sonne und ihre Drehung um ihre eigene Achse, die Ungleich-
mäßigkeiten und die Beschreibung des Mondes, die verschiedenen Phasen
der Venus und des Merkur, die Verbesserung der Teleskope, das Schleifen

der Gläser zu diesem Zweck, das Gewicht der Luft, die Möglichkeit oder Unmöglichkeit der Vakua und die Abneigung der Natur dagegen, das Torricellische Quecksilberexperiment, den Fall der schweren Körper und die Grade der Beschleunigung dabei; und verschiedene Dinge von dieser Art.

Interessant ist auch ein Blick auf die durch Statut festgelegten Aufgaben der Royal Society. Dort heißt es:

Aufgabe und Absicht der Royal Society ist es, das Wissen von den natürlichen Dingen und alle nützlichen Künste, Fabrikationszweige, mechanischen Verfahrensweisen, Maschinen und Erfindungen durch Experimente zu verbessern (sich nicht mit Theologie, Metaphysik, Sittenlehre, Politik, Grammatik, Rhetorik oder Logik abzugeben). Die Wiedergewinnung solcher zweckmäßiger Künste und Erfindungen zu betreiben, die verlorengegangen sind. Alle Systeme, Theorien, Prinzipien, Hypothesen, Elemente, Historien und Experimente von natürlichen, mathematischen und mechanischen, erfundenen, aufgezeichneten oder praktizierten Dingen von allen bedeutenden Autoren, antiken und modernen, zu prüfen, mit dem Ziel, ein umfassendes und zuverlässiges philosophisches System zur Erklärung aller Erscheinungen zusammenzutragen, die auf natürliche oder künstliche Weise hervorgerufen werden, und eine Darstellung der vernünftigen Ursachen der Dinge erzielen.

Mit der Aufnahme in die Royal Society fand Newton den Anschluß an die sich in lebendiger Entwicklung befindliche Experimentalwissenschaft. Und es sollte sich sogar erweisen, daß die Royal Society ein Mitglied gewonnen hatte, das später auf lange Zeit als deren Präsident die Geschicke der Gesellschaft lenken würde.

Optische Studien. Farbenlehre

> Alle Produktionen und Erscheinungen von Farben in der Welt
> stammen lediglich ... von den verschiedenen Mischungen
> oder Trennungen von Strahlen kraft ihrer verschiedenartigen
> Brechbarkeit oder Reflektierbarkeit. Und in dieser Hinsicht
> wird die Wissenschaft der Farben eine ebenso wahrhafte
> mathematische Theorie, wie es alle anderen Teile der Optik
> sind.
>
> Isaac Newton, „Opticks", 1704

Hatte Newton mit dem Spiegelteleskop rasch Anerkennung finden
und über die Mitgliedschaft in der Royal Society eine relative
Isolierung von der Welt der modernen Wissenschaft überwinden
können, so sollte ihm der andere, sogar noch wesentlichere Teil
seiner optischen Studien, der sich mit der Entstehung der Farben
und dem Wesen des Lichtes beschäftigte und die gesamte Optik
umgestalten sollte, nicht nur Zustimmung, sondern auch beträchtlichen Ärger, fruchtlos werdende Diskussionen mit wissenschaftlichen Gegnern und schließlich sogar persönliche Gegnerschaft
einbringen.

Wenige Tage nur, nachdem Newton Mitglied der Royal Society
geworden war, erkundigte er sich bei ihrem Sekretär Henry Oldenburg nach deren wöchentlichen Sitzungen. Denn, so fährt er in
diesem Brief vom 18. Januar 1672 fort, er gedenke im Abriß eine
Entdeckung zur kritischen Beurteilung vorzulegen, die ihn zur
Erfindung des Spiegelteleskopes geführt habe, und

die sich, woran er nicht zweifle, noch angenehmer als die Mitteilung dieses
besagten Instrumentes erweisen werde, da diese sich als die sonderbarste,
wenn nicht sogar als die bemerkenswerteste Entdeckung erweisen könnte,
die je bisher über Wirkungen in der Natur gemacht worden ist.

Dies ist die Ankündigung der Entdeckung von der Zerlegung des
Lichtes in Spektralfarben, die sich in der Tat als ein Schlüsselproblem der Optik jener Zeit erweisen sollte.

Das Phänomen der Entstehung der Farben hatte seit altersher
immer wieder die Aufmerksamkeit auf sich gezogen. In der Antike
erklärte man sich Farben als durch Mischung von Hell und Dunkel entstehend. Aber schon der Regenbogen gab weitere Rätsel
auf.

Ein wirklicher Zugang zur Farbentheorie konnte erst nach der
Entdeckung des Brechungsgesetzes gefunden werden.

Descartes, der führend an dessen Popularisierung beteiligt war, leitete das Entstehen von Farben aus seiner mechanistischen Naturphilosophie her. Danach werden Partikel (die Lichtpartikel) durch die Wirbel des Äthers in Rotation versetzt: Die verschiedenen Rotationsgeschwindigkeiten erwecken im menschlichen Auge verschiedenartige Farbeindrücke, rot bei der schnellsten, blau bei der geringsten.

Richtiger war ein Gedankenansatz, der sich keimhaft bei Kepler („Paralipomena", 1604), ziemlich deutlich sogar schon bei dem aus Böhmen stammenden Marcus Marci in dessen 1648 erschienenem Buch „Thaumantias" findet. Dort wird, anhand von Versuchen bei Dispersion an Prismen, die verschiedenartige Brechbarkeit der Lichtanteile mit deren Farbe in Verbindung gebracht, wenn auch die innere Art dieses Zusammenhanges höchst unklar bleibt. Immerhin lautete eines der Theoreme von Marci:

Einerseits kann man dieselbe Farbe nicht durch verschiedene Brechung, andererseits verschiedene Farben nicht durch dieselbe Brechung erhalten.

Derartige Formulierungen fand Marci zur Beschreibung seiner optischen Versuche, darunter solcher über die Farbentstehung beim Durchgang von Licht durch Glasprismen.

Auch Newtons Landsmann Robert Boyle stellte Untersuchungen über an Prismen entstehende Farben an, die zu ausgezeichneten Beobachtungen führten und die er 1664 in einem Buch „Experiments and Considerations touching Colours" (Experimente und Betrachtungen, welche Farben betreffen) bekanntmachte. Die von Boyle vertretenen Hypothesen über die Entstehung der Farben beruhten ebenfalls auf den damals vorherrschenden atomistischen Grundannahmen: Die verschiedenen Farben entstehen dadurch, daß kleine Lichtkügelchen (globuli) mit unterschiedlicher Geschwindigkeit auf die Netzhaut treffen.

Im selben Jahr, 1664, begann der junge Student Newton mit optischen Experimenten, zunächst mit einem einzigen Prisma. Erst 1666 brachte er das Geld für ein weiteres Prisma auf. Seine Kenntnis von der zeitgenössischen Literatur über Optik war zu diesem Zeitpunkt wegen des geringen Bücherbestandes bescheiden und lückenhaft. Er kannte wahrscheinlich nicht Keplers „Paralipomena" und sicher nicht Marcis „Thaumantias". Auch die 1665 aus dem Nachlaß herausgegebene „Physico-Mathesis" des Italieners

Francesco Maria Grimaldi, in der der neuentdeckte Effekt der Lichtbeugung behandelt wurde, war ihm zu diesem Zeitpunkt nicht bekannt. Die entscheidenden Anregungen empfing Newton ab 1667/68 aus Barrows Privatbibliothek und aus dessen Vorlesungen zur Optik, die zu halten dieser als Inhaber der Lucas-Professur verpflichtet war.

Es ist bis heute unklar, ab wann Newton im Besitz seiner neuen Farbentheorie war und wann er seinen Lehrer Barrow davon in Kenntnis gesetzt hat. Sicher ist indes, daß es zu einer Zusammenarbeit zwischen beiden kam, als Barrow seine Vorlesungen über Optik zum Druck vorbereitete. In den 1668 vollendeten, aber erst 1674 publizierten „Lectiones Opticae et Geometriae" (Optische und geometrische Vorlesungen) wird übrigens Newton zum erstenmal als Wissenschaftler genannt, Barrow schreibt dort im Vorwort:

Unser berühmter und wissensreicher Kollege Dr. Isaacus Newtonus hat dieses Manuskript durchgesehen, einige notwendige Korrekturen vorgenommen und persönlich einiges hinzugefügt, was sich an mehreren Stellen angenehm bemerkbar macht.

Man darf annehmen, daß sich Newton nur schrittweise von den existierenden Lichttheorien lösen konnte. Anfangs hing auch er noch der Vorstellung der „globuli" an. Es ist hier allerdings nicht der Raum, den mühsamen Erkenntnisprozeß Newtons, soweit er sich aus den erhaltenen Dokumenten aufhellen läßt, in allen Einzelheiten nachzuzeichnen.

Bereits 1664 formulierte Newton „Quaestiones Philosophicae" (Naturphilosophische Fragen) zur Farbe und Brechbarkeit; sie blieben Manuskript. Im Besitz erweiterter Experimentiermöglichkeiten – eines zweiten Prismas, einer Dunkelkammer, größerer Glaslinsen – verfaßte er 1666 oder kurz darauf eine (bis jetzt nur teilweise veröffentlichte) Abhandlung „Of Colours" (Von den Farben); dort werden u. a. das Sonnenspektrum, Beobachtungen zur Erklärung des Regenbogens und die „Newtonschen Ringe" geschildert. Bereits hier berechnete er, nach prismatischer Zerlegung des Sonnenlichtes, die Brechungsindizes der roten, grünen und blauen Bestandteile. Auch zeigte sich sein hohes experimentelles Geschick daran, daß er seine Apparatur nach Art einer Sonnenuhr so einrichtete, daß sie dem einfallenden Lichtstrahl bequem nachgeführt werden konnte.

Das Jahr 1669 trug zweifellos zur verstärkten Arbeit von Newton an optischen Problemen bei. In diesem Jahr erschien die Abhandlung des Dänen Erasmus Bartholinus, die die Doppelbrechung des Lichtes am isländischen Kalkspat bekanntmachte, welche mit den vorhandenen Lichttheorien nicht erklärbar war.

Ende 1669 war Newton Nachfolger Barrows als Lucas-Professor geworden und gab Vorlesungen über Optik. Seine „Lectiones Opticae" stellen eine weitere wesentliche Etappe auf dem Wege zur Farbentheorie dar, zumal dort bereits überzeugende Experimente festgehalten wurden – für seine Studenten freilich lagen sie weit außerhalb ihrer Verständnismöglichkeit.

Newton erkannte richtig, daß er mit seiner Farbentheorie nach dem Weggang Barrows in Cambridge kaum das nötige Verständnis finden würde. Was lag für den eben zum Mitglied der Royal Society ernannten Newton näher, als sich dorthin zu wenden?

Das im Brief vom 18. Januar 1672 gegebene Versprechen löste er mit einem ausführlichen Brief „New Theory about Light and Colors" (Neue Theorie über das Licht und die Farben) vom 6. Februar 1672 ein. Diese Abhandlung enthält bereits die wesentlichen Einsichten und Experimente Newtons über die Zusammensetzung des weißen Lichtes aus Spektralfarben. Ausführlich beschreibt er dort auch das „experimentum crucis", das „Experiment am Kreuzwege" (Ausdruck von Bacon und Hooke), durch das eine eindeutige Entscheidung zwischen mehreren Erklärungen erzwungen wird (Abb. 6). Bei den Prismenfarben gelang Newton der Nachweis, daß sich Licht einer Spektralfarbe nicht weiter zerlegen läßt:

Die allmähliche Aufgabe dieser Vermutung [daß Lichtstrahlen kugelförmige Körper sind, die bei schrägem Übergang von einem Medium in ein anderes eine Rotationsbewegung erfahren – H. W.] führte mich schließlich zu dem experimentum crucis. Ich nahm zwei Bretter und stellte eines davon dicht hinter das Prisma am Fenster, so daß das Licht durch ein kleines, zu diesem Zweck darin gemachtes Loch hindurchgehen konnte und auf das andere Brett fiel, das ich in 12 Fuß Abstand aufstellte, und in das ich ebenfalls vorher ein Loch gemacht hatte, damit ein Teil auffallenden Lichtes hindurchgehen konnte. Dann stellte ich hinter dieses zweite Brett ein zweites Prisma, so daß das durch beide Bretter hindurchgegangene Licht auch durch dieses gehen mußte, um noch einmal gebrochen zu werden, bevor es auf die Wand auftraf. Dann nahm ich das erste Prisma in die Hand und drehte es langsam so weit um seine Achse hin und her, daß nach und nach verschiedene Teile des auf das zweite Brett geworfenen Bildes durch das Loch hindurchgingen, damit ich beobachten konnte, zu welchen Stellen an der Wand hin sie von dem zweiten Prisma gebrochen wurden. Aus der Verschiebung dieser Stellen sah ich, daß das Licht von demjenigen Ende des Bildes, zu dem die Brechung des ersten Prismas hin erfolgte, im zweiten Prisma eine beträchtlich größere Brechung erfuhr als das Licht, das vom anderen Ende kam. Damit war die wahre Ursache der Länge dieses Bildes aufgedeckt; sie besteht in nichts anderem, als darin, daß das Licht aus unterschiedlich brechbaren Strahlen besteht, die, unabhängig von der Verschiedenheit des Einfallswinkels, je nach ihrem Grade der Brechbarkeit zu verschiedenen Stellen der Wand geleitet werden.

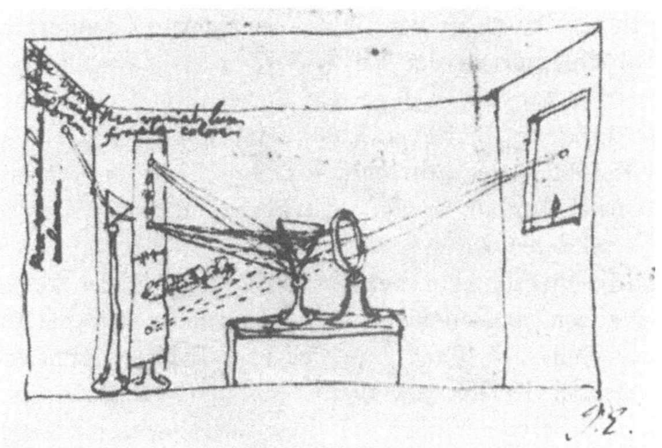

6 Skizze Newtons zum experimentum crucis

Diese ausführliche Passage zeigt die Experimentierkunst Newtons ebenso wie seine Vorsichtigkeit im Ziehen von Schlüssen. So schreibt er – an anderer Stelle – über seine Methode:

Denn als beste und sicherste Methode der Naturforschung erscheint es, daß wir vor allem die Eigenschaften der Dinge sorgfältig erforschen und durch Experimente bestätigen und uns dann erst behutsamer um Hypothesen zu ihrer Erklärung bemühen.

Schließlich formuliert Newton in seinem Brief 13 Lehrsätze als Schlußfolgerungen. Die von unserem heutigen Standpunkt aus vielleicht interessanteste, die über die Zusammensetzung des weißen Lichtes aus Spektralfarben, wird in den Schlußfolgerungen 8 und 13 festgehalten:

Daraus kann man schließen, daß Weiß die gewöhnliche Farbe des Lichtes ist, insofern Licht eine ungeordnete Mischung von Strahlen aller Farbenarten ist, so wie sie von den verschiedenen Teilen der leuchtenden Körper miteinander vermischt herausgeschleudert werden. Von einer solchen unge-

ordneten Mischung wird, wie gesagt, Weiß erzeugt, sofern die einzelnen
Bestandteile im richtigen Verhältnis vorkommen. Herrscht aber eine bestimmte Strahlenart vor, so muß das Licht zu dessen Farbe neigen ...
Die Farben aller natürlichen Körper haben keinen anderen Ursprung als
diesen, daß die Körper in ganz verschiedenem Maße befähigt sind, eine
bestimmte Lichtart stärker als die anderen zu reflektieren.

Der Brief Newtons „New Theory about Light and Colors" vom
6. Februar 1672 wurde bereits am 8. Februar verlesen und am
19. Februar in den „Philosophical Transactions" gedruckt; diese
wissenschaftliche Zeitschrift war 1665 von Henry Oldenburg als
eine Art Mitteilungsorgan der Royal Society ins Leben gerufen
worden. Überdies wurde von der Royal Society eine Beurteilungs-
kommission eingesetzt, und zwar unter dem Vorsitz von Hooke,
der seinerseits 1665 in der „Micrographia" eine Licht- und Farbentheorie entwickelt und u. a. dort die Farben dünner Blättchen
ausführlich beschrieben hatte.
Newtons Farbentheorie vom Februar 1672 fand indes keineswegs, wie Newton angenommen hatte, ungeteilte Zustimmung,
ganz im Gegenteil. Christiaan Huygens zum Beispiel, allgemein
als hervorragender Kenner der Optik anerkannt, war skeptisch,
daß sich alle Farberscheinungen auf diese Weise erklären ließen.
Enttäuschender noch fiel das Gutachten von Hooke aus. Zweifellos war Hooke nicht in jeder Weise objektiv, denn Newtons Lichttheorie wurde von ihm als rivalisierende Theorie aufgefaßt.
Hooke erklärte sich in seinem Gutachten nicht als vom experimentum crucis überzeugt und wandte sogar – bei aller Anerkennung der gründlichen und einfallsreichen Untersuchungen von
Newton – ein, seine eigene Theorie der Vibrationen von Teilchen
sei besser geeignet, die Lichterscheinungen zu erklären:

Aber ich kann seine [Newtons] Hypothese weder für die einzige halten,
noch für so unumstößlich wie mathematische Beweise.

Trotz aller gewiß vorhandenen Voreingenommenheit wies Hooke
aber auch auf wirkliche Schwächen der Newtonschen Farbtheorie
hin. Insbesondere geriet Newton in Schwierigkeiten bei der Erklärung der Farben dünner Plättchen; es war bei der korpusku-
laren Grundvorstellung nicht einzusehen, inwiefern die Farbe vom
jeweiligen Abstand der Oberflächen der Platten abhing. Hier
hatte Hookes Theorie die besseren Erklärungsmuster zur Hand.

42

Die Diskussion zwischen Hooke und Newton, über Vorzüge und Nachteile von Vibrationstheorie und Korpuskulartheorie, zog sich hin – auf Einzelheiten können wir verzichten. Anfangs bemühte sich Newton um Geduld, experimentierte weiterhin fleißig, suchte seinen Gegnern seine Auffassung nahezubringen, prüfte auch gewissenhaft die Vibrationstheorie und schwenkte sogar vorübergehend auf eine Art Kompromißtheorie ein, wonach die Farben dünner Plättchen durch Äthervibrationen entstehen, die ihrerseits durch Lichtglobuli angeregt würden.

Es fiel den Gegnern Newtons aus subjektiven und objektiven Gründen schwer, den entscheidenden Punkt der Newtonschen Lichttheorie anzuerkennen, wonach das farbige Licht im weißen fertig enthalten und nicht erst durch die Drehung etwa erzeugt ist. Hooke wandte, vielleicht etwas zu spitz, ein:

Warum es eine Notwendigkeit ist, daß all diese Bewegungen oder was es sonst sein mag, was die Farben macht, ursprünglich in den einfachen Lichtstrahlen vorhanden sein soll, das verstehe ich nicht, genau wie ich nicht verstehe, daß all die Töne in der Luft des Blasebalges sein sollen, die man nachher aus den Orgelpfeifen herauskommen hört ... [28, S. 317]

Die Diskussion erhielt zunehmend gereiztere Untertöne und wurde schließlich polemisch. Newton erklärte Hookes Theorie für „insufficient" (unzureichend) und wandte sich in einem Brief an Oldenburg 1672 scharf gegen das Erfinden irgendwelcher Hypothesen:

Wenn jedem erlaubt sein soll, nach der Wahrheit der Dinge aus der bloßen Möglichkeit von Hypothesen zu raten, dann weiß ich nicht, wie irgend etwas mit irgendwelcher Gewißheit in irgendeiner Wissenschaft festgelegt werden soll, da man sich immer mehr Hypothesen ausdenken und damit neue Schwierigkeiten hervorrufen kann. [28, S. 316/317]

Schließlich ließ Newton die Zwischenvorstellung von einem angeregten Äther fallen; er mußte es tun im Hinblick auf die von ihm selbst mittlerweile um 1680 ausgearbeitete Gravitationstheorie – wir werden noch darauf zurückkommen. Der wechselseitige Zusammenhang nämlich zwischen den Keplerschen Gesetzen der Planetenbewegung und einer von der Sonne ausgehenden Zentralkraft galt nur unter der Voraussetzung, daß der Raum nicht von einem Widerstand leistenden materiellen Äther ausgefüllt war. Statt des Äthers nahm nun Newton an, daß das Licht gewissen periodisch sich ändernden „Anwandlungen" (fits) leichterer oder schwererer Brechbarkeit oder Reflexion unterliege. Dabei kam es ihm, seiner ganzen Denkhaltung entsprechend, nicht auf die Bezeichnung des physikalischen Wesens der „fits" an, sondern nur darauf, daß eine Berechenbarkeit existiert, eine Formel, die Übereinstimmung mit den Experimenten ergibt – getreu seinem Grundmotiv „Hypothesen erfinde ich nicht". Im ersten Teil der „Opticks" (1704) heißt es explizit:

Es ist nicht meine Absicht, ... die Eigenschaften des Lichtes durch Hypothesen zu erklären, sondern nur, sie anzugeben und durch Rechnung und Experiment zu bestätigen. [6, S. 5]

Newton hat lange an einer zusammenfassenden Darstellung seiner optischen Untersuchungen gearbeitet, wie er nach der Niederschrift der „Principia" versprochen hatte. Doch die Arbeit zog sich hin.
Einen in lateinischer Sprache schon weit gediehenen Entwurf übertrug er ins Englische; schließlich erschienen im Jahre 1704 die „Opticks" englisch.
Ein Jahr früher, 1703, war Hooke gestorben. Man kann mit großer Sicherheit annehmen, daß Newton den Tod seines wissenschaftlichen Hauptgegners im Felde der Optik abgewartet hat. Im Vorwort heißt es, allerdings ohne Namensnennung:

Um nicht in Streitigkeiten über diese Dinge verwickelt zu werden, habe ich den Druck bis jetzt verzögert und würde ihn noch weiter unterlassen haben, wenn ich nicht dem Drängen von Freunden nachgegeben hätte.

Die „Opticks" bestehen aus drei Teilen. Buch I fußt auf der Vorstellung von der Endlichkeit der Lichtausbreitung und behandelt Reflexionen und Brechung und schließlich die Dispersion, d. h. die Abhängigkeit der Brechbarkeit des Lichtes von dessen Farbe, die Zusammensetzung des Sonnenlichtes, das experimentum crucis (ohne, daß das Wort aufträte), Anwendungen der Theorie auf Fernrohre und Spiegelteleskope, die Grundaussage über die Existenz von verschiedenem monochromatischem (Newton sagt: primärem) Licht:

Alle Farben in der Welt, die durch Licht erzeugt sind und nicht von unserer Einbildungskraft abhängen, sind entweder Farben homogenen Lichts oder aus solchen zusammengesetzt ...

44

Aus dieser Theorie heraus werden die Prismenfarben und schließlich die Regenbogenfarben erklärt.

Das Buch II ist teilweise identisch mit einer bereits 1675 niedergeschriebenen, aber zunächst ungedruckt gebliebenen Arbeit Newtons „Hypothesis Explaining the Properties of Light" (Hypothese, die Eigenschaften des Lichtes erklärend). Sie behandelt spezielle Beobachtungen bei Reflexionen, Brechungen und Farben dünner durchsichtiger Körper, darunter die sogenannten Newtonschen Ringe. Es folgen die Behandlung der Körperfarben, und schließlich gelangt Newton zur Auseinandersetzung seiner Theorie von den „fits".

Ausgangspunkt seiner Darlegung war die Beobachtung der sog. Newtonschen Ringe, die wir heute als durch Interferenz erzeugt einordnen, also jener kritische, von Hooke bezeichnete Punkt. Aber auch andere Beobachtungen regten Newton zu einer Vorstellung an, die auf eine Periodizität der Lichterscheinungen und somit auf eine merkwürdige Art von „Wellentheorie" hindeutete. Nehmen wir beispielsweise die 1. Beobachtung vom 4. Teil des Buches II der „Opticks". Dort schildert er:

Als die Sonne durch $1/3$ Zoll weite Öffnung in mein verdunkeltes Zimmer schien, ließ ich einen Lichtstrahl senkrecht auf einen Glasspiegel fallen, welcher auf der einen Seite konkav, auf der anderen Seite konvex nach einer Kugel von 5 Fuß 11 Zoll Radius geschliffen und auf der konvexen Seite amalgamiert war. Wenn ich nun ein undurchsichtiges weißes Papier in den Mittelpunkt der Kugeln hielt, welchen die Spiegelseiten angehörten, d. h. 5 Fuß 11 Zoll vom Spiegel entfernt, und zwar so, daß der Lichtstrahl durch ein kleines, in der Mitte des Papiers gemachtes Loch nach dem Spiegel hindurchging und von dort nach derselben Stelle zurückgeworfen wurde, so beobachtete ich auf dem Papiere vier oder fünf regenbogenartige Farbenringe, die das ... Loch umgaben, ... In dem Maße, wie diese Ringe sich mehr und mehr erweiterten, wurden sie auch undeutlicher und schwächer, so daß der fünfte kaum noch zu sehen war; ...

Aus diesen Problemkreisen und Experimenten heraus kam Newton zu folgenden Feststellungen:

Proposition XII:
Jeder Lichtstrahl erlangt bei seinem Durchgange durch eine brechende Fläche eine gewisse Eigenschaft oder Disposition, welche im weiteren Verlaufe des Strahls in gleichen Intervallen wiederkehrt und ihn bei jeder Wiederkehr befähigt, durch die nächste brechende Fläche leicht durchgelassen zu werden, und zwischen jeder Wiederkehr, leicht reflektiert zu werden.

Aus diesem Lehrsatz leitet Newton die Berechtigung zu der folgenden Definition her:

Die periodisch wiederkehrende Disposition eines Strahles, reflektiert zu werden, will ich Anwandlung leichter Reflexion nennen, die wiederholt eintretende Disposition, durchgelassen zu werden, Anwandlung leichten Durchganges, und den Zwischenraum zwischen einer Wiederkehr und der nächstfolgenden das Intervall der Anwandlungen.

Auf dieser theoretischen Grundlage werden Beobachtungen über Reflexionen und Farben dicker, durchsichtiger, geschliffener Platten mitgeteilt und gedeutet.

Das Buch III behandelt, unter Verweis auf die Experimente von Grimaldi, Beugungserscheinungen.

Die „Opticks" schließen mit einer Reihe von „Fragen" (Queries), die sich allerdings nur zum Teil mit optischen „Problemen" beschäftigen: in weiteren Auflagen der „Opticks" wurde deren Anzahl noch um weitere vermehrt.

Ihrem Charakter nach sind die „Fragen" uneinheitlich: Geniale Weitsicht mischt sich mit kühnen oder noch unklaren Problemstellungen und heute offenbar gewordenen Irrtümern. Aber, was macht es: Newton hatte zur Rechtfertigung seiner „Fragen" erklärt:

Weil ich nun diesen Teil meiner Arbeit [die „Opticks" – H. W.] unvollendet gelassen habe, so will ich damit schließen, nur einige Fragen vorzulegen, damit Andere den Gegenstand weiter untersuchen mögen.

Die Zwiespältigkeit der „Fragen" erstreckt sich sogar auf die Grundauffassung. Dies zeigt, daß Newton noch immer auf der Suche nach der Entscheidung zwischen der Wellentheorie und der Korpuskulartheorie war, vielleicht sogar sich um deren Verschmelzung bemühte. Erstaunlicherweise wird sogar (als Frage natürlich) die längst einmal fallengelassene Äthertheorie wieder aufgeworfen, aber ebenso die Korpuskulartheorie. Hier eine Passage (aus Frage 29):

Um alle Verschiedenheiten in den Farben und den Graden der Brechbarkeit hervorzubringen, ist nichts weiter erforderlich, als die Annahme, daß die Lichtstrahlen aus Körperchen von verschiedener Größe bestehen, ... Um die Lichtstrahlen in die Anwandlungen leichter Reflexionen und leichten Durchganges zu versetzen, ist nichts weiter erforderlich, als daß sie kleine Körper sind, welche da, wo sie auftreffen, durch ihre anziehenden oder durch sonstige Kräfte Schwingungen erregen, ...

Im übrigen wird auch ausführlich (Frage 25) auf die von Bartholinus entdeckte Doppelbrechung am isländischen Kalkspat eingegangen; es ist dies der Punkt, wo zum erstenmal von „Polarisation des Lichtes" die Rede ist.

Zusammenfassend kann man so mit dem britischen Wissenschaftshistoriker Hall feststellen, daß das jahrhundertelang immer wieder übernommene Bild von einer ausschließlich korpuskular angelegten Lichttheorie Newtons zu grob, zu schematisch ist. In einer sehr lesenswerten, weitgespannten Darstellung „Die Geburt der naturwissenschaftlichen Methode" (deutschsprachige Ausgabe 1965) faßte Hall seine Einschätzung folgendermaßen zusammen:

Ganz offenbar war Newtons Lichttheorie keineswegs eine einfache Korpuskular- oder Emissionstheorie. Der Wellenbegriff war immer wesentlich dabei – nicht als Hypothese, sondern als Merkmal einer mathematischen Theorie, aus der verifizierbare Vorhersagen abgeleitet werden konnten. Aber Newton leugnete stets, daß diese Wellen- oder Impulsbewegung die eigentliche Lichtfortpflanzung selbst darstelle. Von Anfang an war er überzeugt, daß das Licht in gewissem Sinn materiell sein müsse, wenn er auch vorsichtig genug war zu erklären, daß diese Vorstellung, soweit es sich um seine eigenen Entdeckungen handelte, nicht Teil der mathematischen Gesetze sei, die in sich selbst durchaus genügten, die optischen Erscheinungen zu erklären. Die Tatsache, daß sich Licht geradlinig ausbreitet, war seiner Ansicht nach entscheidend für diese Frage ...

Die Publikation der „Opticks" wurde zum vollen Erfolg: Es sind (mindestens) vier englische, sechs lateinische und drei französische Ausgaben noch während des 18. Jahrhunderts erfolgt; die letzte noch von Newton selbst verantwortete Ausgabe (die dritte englische) stammt aus dem Jahre 1721.

Das 18. Jahrhundert sah die Vorherrschaft der Newtonschen Lichttheorie, und zwar, anders als bei Newton selbst, einer rein korpuskular verstandenen Emissionstheorie des Lichtes. Dagegen fand die Wellentheorie des Lichtes, die von Christiaan Huygens aufgestellte Undulationstheorie, nur wenige prominente Anhänger; unter ihnen spielte Leonhard Euler, der berühmte Mathematiker, Astronom und Physiker, eine führende Rolle.

Erst zu Anfang des 19. Jahrhunderts wurden neue optische Phänomene entdeckt, die eindeutig nur mit Hilfe der Wellentheorie erklärt werden konnten. Thomas Young aus England und Augustin Jean Fresnel aus Frankreich verhalfen der Wellentheorie des Lichtes zum Siege. Die Entwicklung der Quantentheorie aber, während des 20. Jahrhunderts, stellte die Emissionstheorie des Lichtes gleichberechtigt neben die Wellentheorie. Jede der beiden Theorien bildet das theoretische Grundmodell typischer optischer Erscheinungen: die gesamte Optik wird heute geprägt von der theoretischen Vorstellung des dialektischen Zusammenhanges von Welle und Korpuskel.

Mathematische Entdeckungen

> In Briefen, welche ich vor etwa 10 Jahren [1676 – H. W.]
> mit dem sehr gelehrten Mathematiker G. W. Leibniz wech-
> selte, zeigte ich demselben an, daß ich mich im Besitz einer
> Methode befände, nach welcher man Maxima und Minima
> bestimmen, Tangenten ziehen und ähnliche Aufgaben lösen
> könne, und zwar lassen sich dieselbe eben so gut auf irratio-
> nale, als auf rationale Größen anwenden. Indem ich die
> Worte versetzte, welche meine Meinung (wenn eine Gleichung
> mit beliebig vielen veränderlichen Größen gegeben ist, die
> Fluxionen zu finden, und umgekehrt) aussprachen, verbarg
> ich dieselbe. Der berühmte Mann antwortete mir darauf, er
> sei auf eine Methode derselben Art verfallen, und teilte mir
> die seinige mit, welche von meiner kaum weiter abwich, als
> in der Form der Worte und Zeichen, den Formeln und der
> Idee der Erzeugung der Größen.
>
> Isaac Newton, 1687

Nach Newtons Eigenbericht über seine wissenschaftliche Tätigkeit während der Pestjahre 1665/67 gehörten mathematische Entdeckungen zu seinen Hauptergebnissen. Er hat sie als junger Mann
im Alter von 22 bis 24 Jahren gefunden, praktisch noch als Student. Mit diesen Resultaten wurde Newton zu einem der Pioniere
beim Übergang zur modernen Mathematik.
Während der griechisch-hellenistischen Antike bereits hatten die
mathematischen Wissenschaften einen uns noch heute beeindruk-
kenden Hochstand erreichen können. Hippokrates von Chios, Py-
thagoras von Samos, Euklid von Alexandria, Archimedes von
Syracus, Apollonios von Perge und Ptolemaios – um nur besonders herausragende Vertreter der antiken Mathematik zu nennen
– schufen eine hochentwickelte Zahlentheorie, eine in sich
geschlossene, axiomatisch begründete Geometrie, eine weit aus-
gebaute Kegelschnittlehre und Trigonometrie und sogar Anfänge
einer echten Integralrechnung.
Im Kern aber handelte es sich dabei fast ausschließlich um eine
statische Mathematik, d. h. also um eine Mathematik konstanter
Größen. Erst während der Periode des europäischen Frühkapitalismus traten veränderliche Größen in der Mathematik auf. Dieser
Übergang von der Mathematik der Konstanten zur Mathematik
der Variablen stellt das Wesen der wissenschaftlichen Revolution

der Mathematik des 17./18. Jahrhunderts dar. Newton hat Wesentliches beigetragen.

Es ging um die geistige Bewältigung von Bewegungsabläufen, um die Bereitstellung eines Kalküls, mit dem man imstande sein konnte, Bewegungsvorgänge bei der Konstruktion von Mechanerien rechnerisch zu erfassen.

Zugleich erwies sich die begrifflich-mathematische Bewältigung der Bewegungsabläufe auch als Schlüsselproblem vieler Gebiete der sich formierenden modernen Naturwissenschaft. Das Studium der Fallbewegung, der Pendelschwingungen, der ballistischen Kurven, der Planetenbewegungen ging Hand in Hand mit der Herausarbeitung von Versuchen und Methoden, Bewegungen mathematisch zu erfassen; dies zeigen die Bemühungen und Erfolge von Galilei, Evangelista Torricelli, Huygens, Kepler, Isaak Beeckman und vielen anderen sehr deutlich.

Größe und Leistung von Newton bestehen in diesem Zusammenhang darin, daß er in seiner Person den beiden historischen Anforderungen gerecht zu werden vermochte.

Es gelang ihm auf der einen Seite, Entscheidendes zur Herausbildung der physikalischen Begriffe beizutragen. Auf ihn gehen Grundbegriffe der Dynamik wie Masse, Bewegungsgröße (Impuls), Kraft, Gravitation, Zentralkraft usw. zurück. Diese Seite seiner Tätigkeit wurde 1687 mit der Drucklegung der „Principia" gekrönt.

Auf der anderen Seite vermochte er in unmittelbarem Zusammenhang damit eine dem Bewegungsproblem angepaßte Mathematik zu schaffen, eine spezifische Form der Infinitesimalmathematik, die er die Theorie der Fluenten und Fluxionen nannte. Wir würden heute von einer Theorie der „fließenden Größen" (Fluenten, lat. soviel wie Fließende) sprechen, d. h. also von Variablen.

Die Vorstellung fließender Größen hatte schon in der Antike bei materialistisch eingestellten Mathematikern eine gewisse Ausprägung gefunden, indem sie sich Linien als durch Bewegung von Punkten erzeugt dachten und ebenso Flächen durch Bewegung von Linien und Körper durch Bewegung von Flächen. Derartige Überlegungen wurden während des Mittelalters nur in geringem Umfang weitergeführt, lebten aber in der Renaissance wieder auf und führten beispielsweise bei dem Galilei-Schüler Bonaventura Cavalieri in seiner berühmten Schrift „Geometria indivisibilibus

continuorum ..." (Geometrie der stetigen unteilbaren Größen ...,
1629) zu einer zusammenhängenden Darstellung. Mit Hilfe des
„Cavalierischen Prinzips" von „fließenden Größen" führte Cavalieri Integrationen von Flächen und Körpern aus, wenn auch die
Vorstellungen noch recht undeutlich waren und kein wirklicher
Grenzwert zugrunde lag.

Ähnliche Grundideen über fließende Größen finden sich auch bei
anderen Mathematikern der ersten Hälfte des 17. Jahrhunderts,
so bei den französischen Mathematikern de Roberval und Blaise
Pascal.

Hieran knüpften Barrow und sein Schüler Newton an. Barrow
beispielsweise hatte in seinen „Lectiones mathematicae" (Mathematische Lektionen), den Vorlesungen über Mathematik aus dem
Jahre 1664, einen Beweis für eine Reihensummation geführt unter
bewußter Verwendung fließender kontinuierlicher Größen; modern geschrieben hat er die Beziehung

$$\sum_{n=0}^{\infty} \frac{1}{3^n} = \frac{3}{2}$$

hergeleitet.

Es gibt Aufzeichnungen Newtons bereits aus dem Jahre 1665, in
denen er von eben dieser Grundvorstellung ausgeht und nach den
Beziehungen zwischen Strecken und denen zwischen ihren Geschwindigkeiten fragt. Hier finden sich schon die Ansätze seiner
Theorie der Fluxionen.

Newton ging von mechanisch-physikalischen Grundvorstellungen
aus, die er später in den „Principia" explizit dargelegt hat: Es
gibt eine objektiv existierende, unabhängig von allen Geschehnissen verlaufende Zeit. Alle Körper bewegen sich in einem objektiv
existierenden Raum, der unabhängig ist von allen darin befindlichen Körpern. Alle veränderlichen Größen sind physikalische
Größen, die von der objektiv verlaufenden Zeit abhängen. Diese
Größen, die von der Zeit abhängenden Variablen also, nennt
Newton Fluenten. Die Geschwindigkeiten – wir würden sagen:
ihre Ableitungen nach der Zeit – heißen *Fluxionen* (oder Wachstumsgeschwindigkeiten). Und er definiert 1704 (die Fluxionspunkte treten frühestens 1693 auf):

Die unbestimmten Größen betrachte ich ... als in stetiger Bewegung wachsend oder abnehmend, d. h. als fließend oder abfließend. Und ich bezeichne sie mit den Buchstaben z, y, x, v und ihre Fluxionen oder Wachstumsgeschwindigkeiten drücke ich durch dieselben Buchstaben mit Punkten versehen aus, also durch $\dot{z}, \dot{y}, \dot{x}, \dot{v}$. Von diesen Fluxionen gibt es wieder Fluxionen oder mehr oder weniger rasche Änderungen. Man kann sie die zweiten Fluxionen von z, y, x, v nennen ...

Der dritte wichtige Begriff der Newtonschen Fluxionsrechnungen ist das „Moment einer Größe". Newton erklärte es als einen „gerade noch wahrnehmbaren Zuwachs einer Größe" und bezeichnete es mit „o". Demnach ist o das Moment der Zeit, xo das Moment der Fluente und $\dot{x}o$ das Moment der Fluxion, welches demnach etwa dem heutigen Differential entspricht. – Wir werden noch sehen, in welcher Weise Newton diese drei Begriffe der Fluxionsrechnung gehandhabt hat.

Das obige Zitat stammt aus einer mathematischen Abhandlung Newtons – „De Quadratura Curvarum" (Über die Quadratur von Kurven) –, die im Jahre 1704 als Anhang zu den „Opticks" publiziert wurde. Zu diesem Zeitpunkt hatte Newton längst seine mathematischen Entdeckungen gemacht und einige zusammenfassende Darstellungen niedergeschrieben.

Den Anfang machte die Theorie der unendlichen Reihen. Den Anstoß gab das Problem der Quadratur, also das Problem der Bestimmung des Inhalts von Flächen unter Kurven. Diese Aufgaben lösen wir heute mit den Methoden der Integralrechnung.

Zur Mitte des Jahrhunderts waren – modern gesprochen – alle Integrale der Form

$$\int x^n \, \mathrm{d}x = \frac{1}{n+1} x^{n+1}; \quad n \neq -1, \text{ rational}$$

bekannt.

Insbesondere hatte Newtons Landsmann Wallis, einer der Mitbegründer der Royal Society, viel dazu beigetragen, diese umfassende, alle Parabelquadraturen in sich einschließende Gesetzmäßigkeit aufzustellen.

Die Formel versagt natürlich für $n = -1$, also für die Quadratur der Hyperbel. An diesem Problem versuchten sich mit Erfolg der Engländer William Brouncker, der Schotte James Gregory und der aus Norddeutschland stammende Nicolaus Mercator. Sie gaben Reihenentwicklungen für die Logarithmusfunktion; beispielsweise fand Brouncker die Entwicklung

$$\ln 2 = \frac{1}{1\cdot 2} + \frac{1}{3\cdot 4} + \frac{1}{5\cdot 6} + \cdots$$

und Mercator die Darstellung für den Ausnahmefall,

$$\int_0^1 \frac{1}{1+x}\, dx = 1 - \frac{1}{2} + \frac{1}{3} - \frac{1}{4} + \cdots;$$

dies durch Entwicklung von $\frac{1}{1+x}$ in eine unendliche Reihe und nachfolgende gliedweise Integration.

Barrow und sein Schüler Newton beobachteten aufmerksam die Publikationstätigkeit auf dem Gebiet der unendlichen Reihen. 1668 erschienen Gregorys „Geometriae pars universalis" (Allgemeiner Teil der Geometrie) und Mercators „Logarithmotechnia". Um eben diese Zeit, 1668/69, hielt Barrow in Cambridge Vorlesungen über Infinitesimalmathematik, in denen er u. a. als erster den gegenseitig inversen Zusammenhang von Tangenten- und Quadraturproblem hervorhob, also jenen zentralen Satz, den wir heute als Fundamentalsatz der Differential- und Integralrechnung bezeichnen.

Dies alles bewog Newton, seine bedeutendsten eigenen Ergebnisse über Reihenentwicklungen in systematischer Form niederzuschreiben. Das Manuskript war im Sommer 1669 fertiggestellt und wurde unter dem Titel „De Analysi per aequationes numero terminorum infinitas" (Über die Rechenkunst mittels der der Zahl ihrer Glieder nach unendlichen Gleichungen) bei der Royal Society hinterlegt und registriert. Der Mathematiker John Collins, der Oldenburg und die Royal Society in mathematischen Fragen beriet, machte die Existenz dieser Abhandlung bekannt; sie stand jedem zur Einsicht offen. Auch Leibniz hat sie übrigens später eingesehen. Zum Druck gelangte die Arbeit allerdings erst viel später, im Jahre 1711.

Man kann ohne Übertreibung sagen, daß durch diese Abhandlung die Theorie der unendlichen Reihen zu einem selbständigen Teilgebiet der Mathematik wurde. Zwar bestehen die unmittelbaren Ziele noch darin, Flächeninhalte zu bestimmen oder Gleichungen aufzulösen, doch wird dazu als Hauptmittel die Reihenentwicklung eingesetzt. So liefert die Reihenentwicklung des Integranden in eine Reihe mit nachfolgender gliedweiser Integration die gesuchte Quadratur. Und mittels der Methode der unbestimmten Koeffizienten wird eine Gleichung zwischen zwei Variablen durch Reihenentwicklung aufgelöst. Beispielsweise findet er für die Gleichung

$$y^3 + a^2 y - 2a^3 + axy - x^3 = 0$$

als Lösung die Reihenentwicklung

$$y = a - \frac{x}{4} + \frac{x^2}{64a} - + \ldots$$

Aber er sucht zum Beispiel auch „für sehr großes x" eine Reihenentwicklung als Lösung der Gleichung

$$y^3 + axy + x^2 y - a^3 - 2x^3 = 0$$

und findet

$$y = x - \frac{a}{4} + \frac{a^2}{64x} + \frac{131a^3}{512x^2} + \ldots$$

(Der Leser möge dies nachprüfen, indem er Reihenentwicklungen nach x bzw. $\frac{1}{x}$ mit der Methode der unbestimmten Koeffizienten ansetzt.)

Die Reichweite der Möglichkeiten durch die Newtonschen Methoden ist so sehr groß; sie umfaßt die Reihenumkehrung, das Wurzelziehen, Überlegungen über die Güte oder Schnelligkeit der Konvergenz, spezielle Reihendarstellungen für trigonometrische Funktionen und die Exponentialfunktion.

Merkwürdigerweise findet sich die Binomialentwicklung selbst nicht in expliziter Form in „De Analysi ...", obwohl Newton zu diesem Zeitpunkt längst in deren Besitz gewesen ist. Später hat er in einem Brief an Leibniz im Jahre 1676 ausführlich geschildert, wie er von dem beim Kreis auftretenden Integrationsproblem

$$\int \sqrt{1 - x^2}\, \mathrm{d}x$$

schrittweise durch großangelegte Induktion zur Binomialreihe gelangt ist. Bei Newton erscheint sie in der Schreibweise

$$(P + PQ)^{\frac{m}{n}}$$

$$= P^{\frac{m}{n}} + \frac{m}{n} AQ + \frac{m-n}{2n} BQ + \frac{m-2n}{3n} CQ + \ldots;$$

54

dabei bedeuten m und n ganze Zahlen, $n \neq 0$, A den ersten, B den zweiten additiven Term, usw.

Und schließlich kann Newton alle Integrale der Form

$$\int a x^{\lambda} (b + c^{\mu})^{\nu} \, dx; \qquad \lambda, \mu, \nu \text{ ganz},$$

durch Reihenentwicklung des Integranden bestimmen.

Bereits zwei Jahre nach der „Reihenlehre", 1671, hatte Newton eine weitere zusammenfassende Darstellung seiner mathematischen Ergebnisse im Manuskript vollendet, in der eine Infinitesimalrechnung (Fluxionsrechnung, jedoch noch ohne die „Punktierungssymbolik", sondern auf der Grundlage der Differentialinkrementen-Methode) zusammen mit einer abgerundeteren Darstellung der Reihenlehre verbunden war. Das Werk, dessen erste Manuskriptseite verloren gegangen ist, trug höchstwahrscheinlich den Titel „Tractatus de methodis serierum et fluxionum" (Abhandlung über die Methoden der Reihen und Fluxionen). Auch dieses Buch kam infolge verschiedener Umstände erst nach Newtons Tod zum Druck, und zwar 1736 in London in einer englischen Übersetzung von Colson unter dem Titel „A Treatise of 'the Method of Fluxions and Infinite Series, with its Application to the Geometry of Curve Lines" (Eine Abhandlung über die Methode der Fluxionen und unendlichen Reihen mit ihrer Anwendung auf die Geometrie gekrümmter Linien).

Zu diesem Zeitpunkt war die „Fluxionsrechnung" dem Inhalt nach längst überholt; sie diente in der Hauptsache der Stärkung des Selbstbewußtseins der Anhänger Newtons im Prioritätsstreit mit Leibniz um die Entdeckung der Infinitesimalrechnung. Damals aber, als Newton dieses Buch niederschrieb, war es ein hochbedeutendes und schrittmachendes Werk, das auf der Grundlage seiner Hauptbegriffe Fluente, Fluxion und Moment eine wohlgeordnete, systematisch aufgebaute Infinitesimalrechnung enthält.

Newton gruppiert den mathematischen Stoff um drei Grundprobleme:

1. Die Beziehung zwischen mehreren Fluenten ist gegeben. Gesucht ist die Beziehung zwischen ihren Fluxionen. Dies ist also die Grundaufgabe der Differentiation.

2. Eine Gleichung ist vorgegeben, in der auch Fluxionen enthalten sind. Gesucht sind die Beziehungen zwischen den Fluenten jener Fluxionen.

T H E

METHOD of FLUXIONS

A N D

INFINITE SERIES;

W I T H   I T S

Application to the Geometry of CURVE-LINES.

By the INVENTOR

Sir I S A A C   N E W T O N, *K^{t.}*

Late Prefident of the Royal Society.

Tranflated from the AUTHOR's LATIN ORIGINAL
not yet made publick.

To which is fubjoin'd,

A PERPETUAL COMMENT upon the whole Work,

Confifting of

ANNOTATIONS, ILLUSTRATIONS, and SUPPLEMENTS,

In order to make this Treatife

A compleat Inftitution for the ufe of LEARNERS.

By *JOHN COLSON*, M.A. and F.R.S.

Mafter of Sir *Jofeph Williamfon*'s free Mathematical-School at *Rochefter*.

L O N D O N:

Printed by HENRY WOODFALL;

And Sold by JOHN NOURSE, at the *Lamb* without *Temple-Bar*.

M.DCC.XXXVI.

7 Titelblatt der „Fluxionsrechnung"

Dies ist also das Grundproblem der Integration. In der von
Newton gegebenen allgemeinen Formulierung schließt das Problem nicht nur das der Auffindung der Stammfunktion ein,
sondern auch die Integration von Differentialgleichungen.

3. Hier systematisiert und demonstriert Newton die Anwendungs-
möglichkeiten der Fluxionsrechnung auf verschiedene Probleme:

Berechnung der Maxima und Minima von Kurven, Tangenten an Kurven, Krümmungsmaß von Kurven, Art der Krümmung, Quadratur von Kurven, Rektifikation von Kurven.

Zwei Beispiele mögen Newtons Art der Differentiation und Integration verdeutlichen.

In der „Method of Fluxions" wird die Differentiation von

$$x^3 - ax^2 + axy - y^3 = 0$$

behandelt; x und y sind Fluenten, die von der Zeit abhängen. (Heute würden wir schreiben $x = x(t)$ und $y = y(t)$ und die obige Gleichung nach der Zeit t differenzieren.) Newton schreibt:

Sei nun irgendeine Gleichung $x^3 - ax^2 + axy - y^3 = 0$ gegeben und ersetze $x + \dot{x}o$ für x und $\dot{y} + yo$ für y, dann ergibt sich

$$\left.\begin{aligned}
&x^3 + 3\dot{x}ox^2 + 3\dot{x}^2oox + \dot{x}^3o^3 \\
&- ax^2 - 2a\dot{x}ox - a\dot{x}^2oo \\
&+ axy + a\dot{x}oy + a\dot{y}ox + a\dot{x}\dot{y}oo \\
&- y^3 - 3\dot{y}oy^2 - 3\dot{y}^2ooy - \dot{y}^3o^3
\end{aligned}\right\} = 0.$$

Nun ist nach Voraussetzung

$$x^3 - ax^2 + axy - y^3 = 0,$$

welche demnach gestrichen werden. Die verbleibenden Terme werden durch o dividiert, es bleiben

$$3\dot{x}x^2 + 3\dot{x}^2ox + \dot{x}^3oo - 2a\dot{x}x - a\dot{x}^2o + a\dot{x}y + a\dot{y}x + a\dot{x}\dot{y}o$$
$$- 3\dot{y}y^2 - 3\dot{y}^2oy - \dot{y}^3oo = 0.$$

Aber da vorausgesetzt war, daß o unendlich klein ist, daß sie die Momente der Größen repräsentieren, werden die Terme, die mit o multipliziert sind, nichts sein in Anbetracht des Restes. Deswegen verschmähe ich sie und es bleibt

$$3\dot{x}x^2 - 2a\dot{x}x + a\dot{x}y + a\dot{y}x - 3\dot{y}y^2 = 0.$$

Als Beispiel der Integration, d. h. der Bestimmung der Beziehung zwischen den Fluenten, gibt Newton die Aufgabe

$$\dot{y}y = \dot{x}y + \dot{x}xx$$

an und findet als Lösung der Differentialgleichung die Reihenentwicklung

$$y = x + \frac{1}{3}x^3 - \frac{1}{5}x^5 + \frac{2}{7}x^7 - + \ldots$$

Auf das Problem der Quadratur von Kurven mittels der Fluxionsmethode ist Newton noch einmal in einer gesonderten Schrift, „Quadratura Curvarum", zurückgekommen, die 1676 niedergeschrieben, aber erst 1704 als Anhang zu den „Opticks" im Druck erschien. Die Abhandlung mündet in eine Tabelle von quadrierbaren (integrierbaren) Kurven.

Bei alledem darf man nicht vergessen, daß Newton auch auf dem Gebiet der Algebra erfolgreich gearbeitet hat. Vermutlich von 1673 bis 1684 hielt er in Cambridge eine Einführungsvorlesung zur Algebra. Hieraus entstand ein Lehrbuch, die „Arithmetica universalis", das 1707 gedruckt wurde. Es lehrt u. a. die „Buchstabenrechnung", d. h. das Rechnen mit Zahlsymbolen, die rechnerische Auflösung von Gleichungen in einer und in mehreren Variablen und die Lösung von Gleichungen durch Konstruktion.

Besonders interessant sind Newtons Ausführungen über den Zusammenhang zwischen den Gleichungswurzeln und den Koeffizienten einer algebraischen Gleichung. Hier liegen sogar einige neue, eigenständige Erkenntnisse vor, wenn er zum Beispiel allgemein lehrt, die Potenzsummen von Gleichungswurzeln schrittweise aus den Koeffizienten zu bestimmen.

Bedeutet S_m die m-te Potenzsumme der n Gleichungswurzeln $x_1, x_2, \ldots, x_n$, also $S_m = x_1^m + x_2^m + \ldots + x_n^m$, so gelten die Beziehungen

$$S_1 + a_1 = 0$$

$$S_2 + a_1 S_1 + 2a_2 = 0$$

$$\vdots$$

$$S_{n-1} + a_1 S_{n-2} + \ldots + a_{n-2} S_1 + (n-1) a_{n-1} = 0,$$

wobei die a_i die Koeffizienten der vorgelegten Gleichung bedeuten. Dies sind die auch heute noch nach Newton benannten Formeln für die Potenzsummen. Mit Hilfe dieser Formeln gelang es Newton, obere Schranken für die Werte der Gleichungswurzeln zu bestimmen.

Im Anschluß an Descartes befaßte sich Newton in der „Arithmetica universalis" weiterhin mit der Anzahl der positiven und negativen Gleichungswurzeln, die aus der Anzahl der Wechsel bzw. Folgen der Vorzeichen der Gleichungskoeffizienten ablesbar sind.

Newtons Algebra erlebte in England bereits 1722 eine zweite Auflage und 1732 sogar eine dritte, und zwar in Leyden in den Niederlanden.

Ein aufmerksames Studium der mathematischen Schriften von Newton zeigt, wie sehr er sich der großen begrifflich-gedanklichen Schwierigkeiten bewußt war, die in seiner Infinitesimalrechnung enthalten sind. Die Begriffe Fluente, Fluxion und besonders Moment sind in der Tat hinreichend verschwommen. Auch die Art, wie er bei der Bildung der Fluxionen aus den Fluenten die mit dem Moment o behafteten Terme „verschmäht", zeigt die nur pragmatisch begründete Handhabung von Grenzübergängen.

Newton hat offensichtlich angestrengt an der Behebung dieser Schwierigkeiten gearbeitet. Aus den Schriften von Gregory zum Beispiel kannte er die Begriffe Konvergenz und Divergenz sowie die Fragestellung, wie „rasch" sich eine Reihenentwicklung „der Reihensumme zuneigt". Newton selbst hat diesem Aspekt der Reihenlehre daher in „De Analysi ..." relativ ausführliche Aufmerksamkeit geschenkt. Aber die Situation blieb unbefriedigend.

Einen weiteren Hinweis auf Newtons Bemühungen um die Behebung der Schwierigkeiten beim Umgang mit dem mathematischen Unendlich liefert auch der Abschnitt I des Buches I der „Principia", der von der „Methode der ersten und letzten Verhältnisse" handelt und Grundlagen für die mathematische Behandlung der dort dargelegten physikalischen Problemkreise bereitstellen sollte.

Newton geht von einem ersten Lehrsatz aus, der – verbal – das Wesen von Grenzübergängen beschreibt:

Größen, wie auch Verhältnisse von Größen, welche in einer gegebenen Zeit sich beständig der Gleichheit nähern und einander vor dem Ende jener Zeit näher kommen können, als jede gegebene Größe, werden endlich einander gleich.

Dann gibt Newton Proben der Auswirkung und Anwendung dieser gedanklichen Voraussetzung – die wie eine Art Axiom gehandhabt wird – bei der Zusammensetzung von krummlinig begrenzten Flächen aus Parallelogrammen „mit bis ins Unendliche verminderten Breiten", bei der Annäherung von Tangenten durch Sekanten oder Sehnen, bei der Zusammensetzung des Weges eines Körpers aus kleinsten Teilstückchen, bei der näherungsweisen Berechnung von gekrümmten Oberflächen durch Tangentialebenenstücke usw.

Das Ziel dieser vorangestellten Überlegungen besteht darin, sich von der antiken Methode zu lösen, die die Grenzwerte mittels indirekter Beweise bestimmt hatte. Es ist ferner seine Absicht, auch die recht schwer durchschaubare Methode der Indivisibeln zu überwinden, die auf der gedanklichen Zusammensetzung des Ganzen aus unteilbar (indivisibel) kleinen Teilen beruht, z. B. der Kurven aus Punkten, der Flächen aus Linien. Statt dessen will er direkte Methoden der Grenzwertbestimmung liefern und handhabbar machen:

Ich habe diese Lehnsätze [Hilfssätze – H. W.] vorausgeschickt, um künftig der weitläufigen Beweisführung, mittels des Widerspruchs, nach der Weise der alten Geometer, überhoben zu sein. Die Beweise werden nämlich kürzer durch die Methode der unteilbaren Größen [Indivisibeln – H. W.]. Da aber die Methode des Unteilbaren etwas anstößig ist und daher für weniger geometrisch [das ist mathematisch korrekt – H. W.] gehalten wird, so zog ich es vor, die Beweise der folgenden Sätze auf die letzten Summen und Verhältnisse verschwindender und auf die ersten werdender Größen zu begründen ...

Freilich weiß Newton sehr genau, daß Einwände zu erwarten sind. Daher argumentiert er kinematisch, also physikalisch:

Man kann den Einwurf machen, daß es kein letztes Verhältnis verschwindender Größen gebe, indem dasselbe vor dem Verschwinden nicht das letzte sei, nach dem Verschwinden aber überhaupt kein Verhältnis mehr stattfinde. Aus demselben Grunde könnte man aber auch behaupten, daß ein nach einem bestimmten Orte strebender Körper keine letzte Geschwindigkeit habe; diese sei, bevor er den bestimmten Ort erreicht hat, nicht die letzte, nachdem er ihn erreicht hat, existiere sie gar nicht mehr. Die Antwort ist leicht. Unter der letzten Geschwindigkeit versteht man diejenige, mit welcher der Körper sich bewegt, ohne daß er den letzten Ort erreicht und die Bewegung aufhört, noch die nachher stattfindende, sondern in dem Augenblick, wo er den Ort erreicht, ist es die letzte Geschwindigkeit selbst, mit welcher der Körper den Ort berührt und mit welcher die Bewegung endigt ... Es existiert eine Grenze, welche die Geschwindigkeit am Ende der Bewegung erreichen, nicht aber überschreiten kann; dies ist die letzte Geschwindigkeit. Dasselbe gilt von der Grenze aller anfangenden und aufhörenden Größen und Proportionen. Da diese Grenze fest und bestimmt ist, so ist es eine wahrhaft geometrische Aufgabe, sie aufzusuchen ...
Jene letzten Verhältnisse, mit denen die Größen verschwinden, sind in der Wirklichkeit nicht die Verhältnisse der letzten Größen, sondern die Grenzen, denen die Verhältnisse fortwährend abnehmender Größen sich beständig nähern, und denen sie näher kommen, als jeder angebbare Unterschied beträgt, welche sie jedoch niemals überschreiten und nicht früher erreichen können, als bis die Größen ins Unendliche verkleinert sind ...
Wenn ich daher in der Folge, um eine leichte Darstellung der Dinge zu

benutzen, von der kleinen, verschwindenden oder letzten Größe sprechen sollte; so verstehe man darunter nicht Größen, welche ihrer Größe nach bestimmt sind, sondern solche, die unbegrenzt verkleinert werden müssen.

Man kann nicht umhin, die klare Einsicht Newtons in die mit dem Grenzübergang verbundene logisch-begriffliche Problematik zu bewundern. Doch war der Weg von hier zur kalkülmäßigen Beherrschung der Grenzwertkonzeption des 19. Jahrhunderts noch weit und beschwerlich. Er war belastet unter anderem mit Attakken der Vertreter des philosophischen Idealismus. So benutzte der berühmt-berüchtigte englische Theologe George Berkeley, der Begründer des Empiriokritizismus, die bestehenden Grundlagenschwierigkeiten der Mathematik, um die von den Naturwissenschaften ausgehende Unterstützung der Aufklärung zurückzudrängen und zu bekämpfen. In der Schrift „The Analyst" (Der Analytiker oder eine Erörterung, gerichtet an einen ungläubigen Mathematiker, 1734), die sich gegen den areligiös eingestellten Astronomen Edmond Halley richtete, machte Berkeley geltend, daß Religion und Glaubenssätze jedenfalls einen viel höheren Grad an Gewißheit hätten als die immer wieder als Muster einer zuverlässigen Wissenschaft benannte Mathematik; diese besäße genug dunkle Punkte und sogar mystische Elemente. So heißt es bei Berkeley:

Es muß ... anerkannt werden, daß der große Autor der Fluxionsmethode die Fluxionen benutzt wie ein Gerüst bei einem Bau, bestimmt beiseite gelegt zu werden ..., sobald endliche Linien gefunden sind, die ihnen proportional sind. Aber diese endlichen Verhältnisglieder werden gefunden mit Hilfe von Fluxionen. Was also durch solche Proportionen und ihre Glieder erreicht wird, ist den Fluxionen zuzuschreiben – welche daher zuerst verstanden sein müssen. Und was sind diese Fluxionen? Die Geschwindigkeiten von verschwindenden Zuwüchsen. Und was sind diese verschwindenden Zuwüchse? Sie sind weder endliche Größen, noch unendlich kleine Größen noch auch nichts. Dürfen wir sie nicht die Gespenster abgeschiedener Größen nennen?

Aber auch im Innermathematischen bestanden die Grundlagenschwierigkeiten während des 18. Jahrhunderts weiter. Leibniz zum Beispiel war mit seiner Differentialrechnung vor ähnliche logische Probleme gestellt und sah sich bald mit Freunden und Gegnern in Diskussionen um das Unendliche, insbesondere das unendlich Kleine verwickelt. Und Leonhard Euler, der überragende Mathematiker des 18. Jahrhunderts, rechnete ganz unbeschwert mit diver-

genten unendlichen Reihen; allerdings bewahrte ihn eine Art von
Instinkt, wie er eben nur einem großen Mathematiker zu Gebote
steht, vor groben falschen Schlußfolgerungen.

Es dauerte schließlich noch bis zum 19. Jahrhundert, ehe eine
weitgehende Klärung der Grundlagen 'der Analysis erreicht und
insbesondere scharfe Definitionen für Funktion, Grenzwert, Konvergenz, Differenzierbarkeit, Stetigkeit usw. geschaffen werden
konnten. Mathematiker aus verschiedenen europäischen Ländern
waren hieran führend beteiligt, unter ihnen Carl Friedrich Gauß,
Bernard Bolzano, Augustin Louis Cauchy, Nikolai Iwanowitsch
Lobatschwewski, Niels Henrik Abel und Karl Weierstraß.

Der Bericht über Newtons Beiträge zur Analysis wäre unvollstän-
dig ohne einen Blick auf das Verhältnis zu dem mathematischen
Werk von Gottfried Wilhelm Leibniz. Bekanntlich kam es zwischen ihren jeweiligen Anhängern zu einem mit Erbitterung geführten Prioritätsstreit, unter dem die beiden Heroen der Wissenschaftsgeschichte erheblich gelitten haben.

Es lohnt sich nicht, auf die Einzelheiten des unglücklichen Streites
einzugehen. Man kann auch nicht an der Tatsache vorbei, daß
hier nationalistische Einflüsse hineingespielt haben. Wallis zum
Beispiel hat Newton des öfteren mit dem Bemerken zugesetzt, er,
Newton, sorge nicht genügend dafür, daß die Verdienste Englands und der englischen Wissenschaftler herausgestrichen würden.
Es steht heute einwandfrei fest, daß Leibniz und Newton unabhängig voneinander zur Infinitesimalrechnung gekommen sind.
Übrigens bezog sich der Streit nur auf die Differential- und Integralrechnung und niemals auf die Reihenlehre; Leibniz hat stets
die Leistungen von Newton auf diesem Gebiet hervorgehoben,
obwohl er seinerseits dort ebenfalls nicht unerhebliche Verdienste
hat. Man denke an die harmonische Reihe und das Leibnizsche
Konvergenzkriterium.

Beide also fanden die Differential- und Integralrechnung, wenn
auch in äußerlich sich beträchtlich unterscheidender Weise und
auf gänzlich verschiedenen geistesgeschichtlichen Positionen. Man
könnte sagen, daß Newton wohl auf Grund seiner Bindung an das
kinematisch-physikalische Denken zu tieferen Einsichten als Leibniz im Hinblick auf den Aufbau einer mathematischen Physik gelangt ist, daß aber Leibniz weitaus geschicktere Bezeichnungs-
weisen erfand, und zwar bewußt erfand. So stellte er einmal fest:

Man muß dafür sorgen, daß die Zeichen für Entdeckungen bequem seien. Dies läßt sich in größtem Maße dann erreichen, wenn die Zeichen mit wenigen Elementen die innerste Natur der Dinge ausdrücken und gewissermaßen nachzeichnen, wodurch die Arbeit des Denkens auf erstaunliche Weise verringert wird.

Was nun die Priorität betrifft, so hat Newton ganz zweifellos zeitlich vor Leibniz die Fluxionsrechnung entwickelt. Leibniz fand die entscheidenden Ideen erst während seines Pariser Aufenthaltes. Im Herbst 1675 erfand er dort den „Calculus", die Grundzüge der Differential- und Integralrechnung mit einer ihr eigens angepaßten, sinnfälligen Symbolik. In einer Notiz vom 29. Oktober 1675 heißt es zu seiner Selbstverständigung:

Es wird nützlich sein, statt der Gesamtheiten des Cavalieri: also statt ‚Summe aller y' von nun an $\int y\,dy$ zu schreiben. Hier zeigt sich endlich die neue Gattung des Kalküls, die der Addition und Multiplikation entspricht. Ist dagegen $\int y\,dy = \dfrac{y^2}{2}$ gegeben, so bietet sich sogleich das zweite auflösende Kalkül, das aus $d\left(\dfrac{y^2}{2}\right)$ wieder y macht. Wie nämlich das Zeichen $\int$ die Dimension vermehrt, so vermindert sie das d. Das Zeichen $\int$ aber bedeutet eine Summe, d eine Differenz.

Andererseits konnte Leibniz zeitlich vor Newton die Hauptbestandteile seiner Differential- und Integralrechnung zum Druck bringen. Im Jahre 1684 erschien seine Abhandlung „Nova methodus ...“; der längere Titel lautet in deutscher Übersetzung „Neue Methode der Maxima, Minima sowie der Tangenten, die sich weder an gebrochenen, noch an irrationalen Größen stößt, und eine eigentümliche darauf bezügliche Rechenart." Sie enthält eine (unklare) Definition des Differentials, ohne Beweis die Differentiationsregeln für Summe, Produkt, Quotient und Potenz, die Kettenregel; die Bedingungen $dv=0$ für Extremwerte und $ddv=0$ für die Wendepunkte werden angegeben; zum erstenmal tritt der Ausdruck „Differentialgleichung" auf. Zwei Jahre später gebrauchte Leibniz das Integralzeichen zum erstenmal im Druck. Weitere Arbeiten – zum elastischen Widerstand eines Balkens, zur Isochrone, zum Kraftmaß – machten die Tragweite des Calculus deutlich und verpflichteten die nächste Mathematikergeneration des Kontinents – unter ihnen Guillaume François Antoine de l'Hospital, Johann und Jakob Bernoulli, Euler – auf die Leibnizsche Form der Infinitesimalrechnung.

Den Vorwurf des Plagiates gegen Leibniz leitete die parteiische, ungerechte englische Untersuchungskommission vor allem aus der Tatsache ab, daß Leibniz während eines Londoner Aufenthaltes Einsicht in die bei der Royal Society hinterlegte Abschrift des Manuskriptes Newtons über die Reihenlehre genommen hatte. Zu diesem Zeitpunkt und noch bis zum Briefwechsel zwischen Leibniz und Newton, also bis zum Herbst 1676, war ihr beiderseitiges Verhältnis zwar nicht herzlich, aber korrekt und einigermaßen liebenswürdig, trotz gänzlich unterschiedlicher Charaktere, Temperamente, Lebensweisen sowie wissenschaftlicher Umgebung und Interessen. Ein erster Brief von Newton vom Frühsommer 1676 gelangte über Oldenburg erst im August in die Hände von Leibniz. Leibniz hebt in seiner Antwort an Newton dessen Verdienste um die Reihenlehre, die Farbenlehre und das Spiegelteleskop hervor und teilt Newton eigene Ergebnisse zur Infinitesimalrechnung mit. Der zweite Brief von Newton an Leibniz vom 27. Oktober 1676 läßt aber auch erkennen, daß Newton die Fortsetzung der Korrespondenz nicht wünschte und sich überhaupt bei der Mitteilung seiner Ergebnisse recht vorsichtig zeigte. In diesem Brief ist auch eines jener berühmten Anagramme enthalten, in dem Newton Leibniz über seine Fluxionsrechnung informiert, aber eben nur über das Ergebnis, nicht über seine Methode.

Das Anagramm lautet, indem es die im Satz vorkommenden Buchstaben aufzählt:

6a cc d ae 13e ff 7i 3l 9n 4o 4q rr 4s 9t 12v x

und besitzt die Lösung „Data aequatione quotcunque fluentes quantitates involvente fluxiones invenire et vice versa" (Bei gegebener Gleichung zwischen beliebig vielen fließenden Größen deren Fluxionen zu finden und umgekehrt).

Für Leibniz mußte dieses Buchstabenrätsel unverständlich sein. Man hat mit Recht darauf hingewiesen, daß es eines viel größeren Scharfsinnes bedurft hätte, Newton aus diesem Anagramm das Geheimnis einer neuen weitreichenden mathematischen Methode zu entreißen, als selbständig die Differential- und Integralrechnung zu entdecken.

Gravitation

Newton ist der Glücklichste; das System der Welt kann man nur einmal entdecken.

Joseph Louis Lagrange

Das Selbstzeugnis von Newton über seine Entdeckungen während der Pestjahre 1665/67 enthält wichtige Hinweise auf den geistigen Schaffensprozeß, der Newton schließlich zur allgemeinen Gravitationstheorie führen sollte. Genaueren Aufschluß erhielt man gegen Ende des 19. Jahrhunderts, nachdem der Earl of Portsmouth 1872 große Teile des Nachlasses von Newton der Universitätsbibliothek von Cambridge überlassen hatte und als nach Anfertigung (1888) eines „Kataloges der Portsmouth-Kollektion der von Sir Isaac Newton geschriebenen oder ihm gehörenden Bücher und Papiere" der Nachlaß erschlossen werden konnte. So fanden sich dort Papiere, die der Entdeckungsgeschichte der Gravitation und der Vorgeschichte der „Principia" zugerechnet werden müssen, aber auch Unterlagen und Manuskripte zu einem weiten Spektrum von anderen Gegenständen, zur Mathematik, Mechanik, Äthertheorie, Kosmographie, Geographie, Navigation, aber auch zu Ideen über die Ausbildung der Jugend an Universitäten, zur Theologie, Chronologie, Alchimie und Geschichte, ja sogar Notizen zu solchen speziellen Problemen wie Schießpulverherstellung, Konstruktion eines Sextanten, Kapillaranziehung, Elektrizitätserscheinungen u. a. m.

Wir wissen heute, wie erstaunlich weit Newton bereits 1666 auf dem Wege zur Gravitationslehre vorgedrungen war. Er verfügte seit 1665 über mathematische Methoden – die Fluxionsrechnung –, um Bewegungsvorgänge erfassen zu können. Er besaß die Grundidee der gegenseitigen Anziehung von Erde und Mond und war imstande, wenigstens annähernd die auf den Mond wirkende Zentrifugalkraft zu berechnen, die – wie er vermutete – gerade von der von der Erde auf den Mond ausgehenden Anziehungskraft kompensiert wurde. Und schließlich waren Newton alle drei Keplerschen Gesetze bekannt. Er schritt bereits zu diesem frühen Zeitpunkt in der richtigen Richtung voran, indem er gleich anfangs den von Kepler gewiesenen Weg des Aufbaues einer Physik des Himmels weiter verfolgte.

Kepler hatte nach dem Grund gefragt, weshalb sich die Planeten
um die Sonne bewegen. (Für Galilei, der an der Kreisförmigkeit
der Planetenbahnen festhielt, war dies keine Frage.) Kepler hatte
bereits 1596 den Gedanken einer von der Sonne ausgehenden und
auf die Planeten wirkenden Anziehung geäußert:

Wir müssen also eine der beiden Tatsachen feststellen: entweder sind die
bewegenden Seelen [der Planeten] desto schwächer, je weiter sie von der
Sonne entfernt sind, oder es gibt nur eine bewegende Seele im Zentrum
aller Bahnen, d. h. in der Sonne, die einen Körper desto heftiger antreibt,
je näher er ihr ist, die aber bei den weiter entfernten wegen dem Abstand
und der [damit zusammenhängenden] Abschwächung des Vermögens kraft-
los wird.

Dieser Stelle aus seinem „Weltgeheimnis" fügte Kepler 1623 in
einer neuen Auflage den folgenden entscheidenden Passus hinzu,
in dem zum erstenmal das Wort Kraft (vis) im physikalischen
Sinne, und zwar im astronomischen Zusammenhang, auftritt:

Wenn man anstatt Seele (anima) das Wort Kraft (vis) setzt, hat man genau
das Prinzip, worauf die Physik des Himmels ... aufgebaut ist.

Man weiß nur sehr wenig darüber, wie sich Keplers Gedanken
und Ergebnisse während der ersten Hälfte des 17. Jahrhunderts
ausgebreitet haben, zumal gegen die Vorherrschaft des mechanistischen Weltbildes von Descartes. Unter diesen Umständen ist es
bemerkenswert, daß Newton – möglicherweise wiederum durch
Hinweise von Barrow – die Keplerschen Gesetze kannte, sich
kritisch mit dessen Begriff von „vis inertia" (Trägheitskraft) auseinandersetzen konnte und zugleich dessen Weg der mathematischen Beschreibung der wirkenden Naturgesetze zielstrebig wei-
terverfolgte.
Kepler hatte irrtümlich angenommen, daß die anziehende Kraft
der Sonne linear mit der Entfernung, also wie $1 : r$, abnimmt.
Newton aber fand – abgeleitet aus Keplers drittem Gesetz –,
daß die auf die bekannten fünf Planeten wirkenden Zentrifugal-
kräfte (Fliehkräfte) den Quadraten ihrer Entfernung von der
Sonne umgekehrt proportional sind. Um die Planeten also auf
ihrer zunächst kreisförmig angenommenen Bahn zu halten, mußte
eine mit dem Quadrat der Entfernung abnehmende Kraft von
der Sonne ausgehen und auf die Planeten wirken.
Soweit gekommen, „dehnte" Newton nach seinen eigenen Worten „die Schwerkraft auf den Mond aus". Er fand durch Rech-

66

nung, daß die beim Kreislauf des Mondes um die Erde in einer
Entfernung von rund 60 Erdradien auftretende Zentrifugalkraft
ebenso groß ist wie eine Kraft, die $1/60^2$ der auf der Erde wirkenden Schwerkraft beträgt. Das Gesetz der mit dem reziproken
Quadrat der Entfernung wirkenden Kraft galt also auch für den
Mond, und die auf irdische Körper wirkende Schwere war als
identisch mit der zwischen allen Himmelskörpern wirkenden Gravitation anzusehen.

Damit hatte Newton in der Tat bereits 1666 grundlegende Schritte
auf dem Wege zur Dynamik, zur Himmelsmechanik, zur allgemeinen Gravitationstheorie zurückgelegt. Dabei spielte der Methode
nach der Verzicht auf eine mechanistische Erklärung der Ursachen der Gravitation eine entscheidende Rolle. Newton beschränkte sich auf die durch Rechnung überprüfbaren Beziehungen
zwischen Kräften, Entfernungen, Geschwindigkeiten, Zeiten und
geometrischen Örtern; aber gerade diese Beschränkung war geeignet, den Vorstoß zum Kern der Sache zu erleichtern.

Auf diesem Wege lagen jedoch trotzdem noch bedeutende Schwierigkeiten vor Newton: Seine Rechnungen beruhten darauf, daß
die Bahnen der Himmelskörper als kreisförmig vorausgesetzt werden, eine Annahme, die alle Beweisführungen wesentlich verein-
fachte. Es galt aber, die Tatsache der ellipsenförmigen Bahn, wie
sie Kepler gefunden hatte, mit der Hypothese von einer allgemeinen, mit dem reziproken Quadrat der Entfernung abnehmenden Gravitationskraft in Übereinstimmung zu bringen bzw. eine
Tatsache aus der anderen mathematisch abzuleiten. Und: Die
Himmelskörper sind wirkliche Körper; wie soll man die verei-
nigte Wirkung aller der von jedem Stück des Körpers ausgehenden Anziehungskräfte berechnen? Und schließlich: Wenn alle
Himmelskörper sich gegenseitig anziehen, dann ist das System von
Sonne, Planeten und Monden ein verwickeltes System sich bewe-
gender Körper, die ständig die Bahn der anderen stören.

Es scheint, daß Newton sehr klar die Fülle der Schwierigkeiten
erkannt und darum nur in aller Stille an diesen Problemkreisen
gearbeitet hat. Nach außen hin war er in den 60er und 70er Jahren im wesentlichen mit optischen Fragen beschäftigt.

Nach und nach gelangten auch andere Forscher zu ähnlichen
Grundideen wie Newton. In Italien nahm der Astronom und Mathematiker Giovanni Alfonso Borelli an, daß die Planetenbewe-

gung als Resultierende zwischen Gravitation und Zentrifugalkraft verstanden werden kann. In England war es sogar eine ganze Gruppe, die auf dem von Newton beschrittenen Wege ebenfalls vorankam, unter ihnen der bereits erwähnte Mathematiker und Baumeister Christopher Wren, der junge Astronom Edmond Halley und Newtons Widersacher Robert Hooke.

Gerechterweise muß man feststellen, daß gerade Hooke recht klare Vorstellungen über die gegenseitige Anziehung von Körpern besaß, wenn er auch nicht unbedingt die Erdschwere mit dieser allgemeinen Anziehungskraft identifizieren wollte. Aber immerhin hatte er 1677 geschrieben:

Ich vermute, daß die Gravitationskraft der Sonne im Zentrum dieses Himmelsteils, in dem wir uns befinden, eine anziehende Kraft auf alle Planetenkörper und die Erde ausübt, um die sie sich bewegen, und daß jeder von diesen Körpern wiederum eine entsprechende Wirkung ausübt ...

Worin besteht also die Leistung Newtons? Der springende Punkt ist der folgende: In den siebziger Jahren besaßen führende Naturwissenschaftler die Überzeugung sowohl von der Existenz einer mit dem Quadrat der Entfernung abnehmenden und zwischen den Himmelskörpern wirkenden Kraft als auch die von der Richtigkeit aller drei Keplerschen Gesetze. Worauf es aber ankam, war ein Beweis, daß aus der Annahme einer solchen Gravitation notwendigerweise die elliptische Bahn folgt. Doch keiner jener Männer, nicht einmal der erfahrene Niederländer Christiaan Huygens, der angesehenste Mathematiker, Astronom und Naturforscher dieser Zeit, konnte jenen Beweis führen. Daß aber der junge Newton dazu imstande war, hebt ihn weit heraus aus der Schar aller Naturwissenschaftler, die gleich ihm auf dem Wege zur Gravitationstheorie waren, die aber an den gedanklichen und mathematischen Schwierigkeiten scheiterten.

Newton bewältigte das Problem des Zusammenhanges zwischen Kepler-Bewegung und Gravitationsgesetz vermutlich zwischen 1679 und 1684 allerspätestens; verschiedenartige Aufzeichnungen im Nachlaß weisen dies eindeutig aus. (Dies und anderes ist von J. Herivel in seiner Monographie „The Background to Newton's Principia", 1965, eingehend analysiert worden.)

Doch erst ein äußerer Anstoß führte – wie auch bei seinen mathematischen Entdeckungen – dazu, daß Newton sich bereit fand, seine Ergebnisse zur Dynamik des Himmels und zur Gravitations-

8 Frühes Manuskript Newtons zur Gravitation

theorie öffentlich bekanntzumachen. Das Folgende klingt wie eine
Anekdote und ist doch historisch verbürgtes Geschehen. Es ist
der Beginn der Entstehungsgeschichte des berühmtesten Buches
von Newton, der „Principia", das einen herausragenden Markstein
in der Geschichte der Wissenschaften bedeutet.
Im Januar 1684 traf sich der junge Halley, der spätere berühmte
Astronom, mit Wren und Hooke in London. Sie diskutierten über
das allgemeine Gesetz der mit dem reziproken Quadrat der Entfernung abnehmenden Anziehung, aber sie konnten, obwohl sie

sich gegenseitig eine Frist von zwei Monaten stellten, keinen
überzeugenden Beweis für die Richtigkeit finden. Daraufhin begab
sich Halley im August 1684 von London nach Cambridge, um
bei dem berühmten Newton im Auftrage der Royal Society Rat
in dieser Angelegenheit zu suchen. Halley legte Newton die Frage
vor:

Auf welcher Kurve bewegt sich ein Planet, vorausgesetzt, daß er von der
Sonne mit einer mit dem Quadrat der Entfernung abnehmenden Kraft angezogen wird?

Newton antwortete sofort: „eine Ellipse". Betroffen von Freude und Er-
staunen fragte Halley, woher er dies wisse? „Nun", antwortete er, „ich
habe es berechnet". Um die Berechnung gebeten, konnte sie Newton nicht
finden, aber er versprach, sie ihm zu schicken.

Mit anderen Worten: Newton konnte unter seinen Papieren diese
höchst wichtige Rechnung nicht finden; er hatte sie verlegt.
(Am Rande sei vermerkt: Die Frage von Halley ist unkorrekt
bzw. die Antwort ist falsch: Entweder muß die Antwort folgen:
ein Kegelschnitt. Oder: Falls sich der Planet auf einer Ellipse
bewegt, dann gibt es eine Zentralkraft proportional zu $1 : r^2$. –
Die Unkorrektheiten rühren vermutlich von dem Berichterstatter
her, der mit dem Sachverhalt nicht genügend vertraut war.)
Jedenfalls erfüllte Newton gewissenhaft sein Versprechen. Er
machte sich erneut an die Arbeit, stellte bei seinem früheren Beweis einige Mängel fest, empfand das Bedürfnis nach genauer
Darlegung der von ihm verwendeten Voraussetzungen und Methoden, um sich Dritten gegenüber verständlich machen zu können und übersandte Halley im November 1684 das versprochene
Manuskript. Außerdem entschloß er sich, im Herbstsemester 1684
eine Vorlesung „Über die Bewegung von Körpern" zu halten.
Halley erkannte rasch die volle Bedeutung des ihm von Newton
übersandten Manuskriptes. Er reiste November 1684 erneut nach
Cambridge und überredete Newton, diese seine Ergebnisse in
systematischer Form zu publizieren. Nach seiner Rückkehr berichtete Halley der Royal Society über das Ergebnis seines Besuches,
und die Royal Society machte am 10. Dezember 1684 folgende
Ankündigung bekannt:

Mr. Halley ... hat kürzlich Mr. Newton in Cambridge besucht, der ihm
eine merkwürdige (curios) Abhandlung, „De motu", gezeigt hat, welche,
gemäß Mr. Halleys Wunsch, an die Gesellschaft zu senden zugesichert, wie
er sagte, wurde, damit sie in deren Register eingetragen werden solle.

Diese Abhandlung „De motu" (Über die Bewegung) wurde zur Vorstufe der „Principia". Es gab verschiedene Entwürfe; einige Teile des Buches I der „Principia" sind mit „De motu" identisch. Unter der Bezeichnung „Propositiones de motu" wurde überdies eine Abhandlung Newtons während des Winters 1684/85 zum Schutze seiner Priorität bei der Royal Society hinterlegt.

Man darf nahezu sicher sein, daß sich Newton fast unmittelbar im Anschluß an Halleys zweiten Besuch, also noch vor Jahreswechsel 1684/85 an die Ausarbeitung seines großen Werkes begab, das inhaltlich und methodisch und schließlich auch in mathematischer Hinsicht die größten Schwierigkeiten bereitete.

Newtons Sekretär berichtet, daß Newton „kaum noch wie ein menschliches Wesen zu sein schien", so sehr war er eingesponnen in härteste Gedankenarbeit. Er konnte sich nicht erinnern, ob er schon gegessen hatte. Gelegentlich blieb er nur halb bekleidet gedankenverloren den ganzen Tag auf dem Bettrand' sitzen.

Sir Isaac war zu jener Zeit sehr liebenswürdig, ruhig und bescheiden und geriet nie in gereizte Stimmung; mit Ausnahme eines Falles sah ich nie, daß er lachte ... Er gestattete sich keine Erholung oder Pause, ritt nie aus, ging nicht spazieren, spielte nicht Kegel, trieb keinen Sport; er hielt jede Stunde für verloren, die nicht dem Studium gewidmet war. Selten verließ er sein Zimmer, ausgenommen, wenn er als Lucasischer Professor Vorlesungen halten mußte ... Er wurde so sehr von seinen Studien mitgerissen, daß er oft vergaß, zu Mittag zu essen ... Er ging selten vor zwei bis drei Uhr nachts schlafen, und oft schlief er erst um fünf oder sechs Uhr morgens ein. Er schlief insgesamt nicht mehr als vier oder fünf Stunden, besonders im Herbst und Winter, wenn in seinem chemischen Laboratorium Tag und Nacht das Feuer brannte.

Nur langsam nahm das Werk Gestalt an. In brieflicher Form diskutierten Halley und Newton schwierige Probleme, und zweifellos hat auch Halley am Inhalt der „Principia" einen echten Anteil, nicht nur als deren Initiator. Darüber hinaus besorgte und bezahlte Halley den Druck der „Principia".

Eines der Hauptprobleme bei der Bewältigung des Stoffes war mathematischer Art: Die Mathematik mußte der schwierigen Problemlage der neuen Physik angepaßt werden. Jedoch ist es eine durch jüngere Forschungen widerlegte Uralt-Legende, Newton habe seine „Principia" in der Sprache der Fluxionen verfaßt, aber im Hinblick auf seine künftigen Leser, die in den Traditionen der antiken Mathematik standen, diese quasi in die Sprache der synthetischen Geometrie rückübersetzt. Dem historischen Fehlurteil wurde sogar durch eine Aussage von Newton über sich selbst Vorschub geleistet, getan freilich während der Aufregungen im Prioritätsstreit mit Leibniz:

Mit der Hilfe der Neuen Analysis fand Mr. Newton die meisten der Lehrsätze in seinen „Principia Philosophiae" heraus: aber weil die Alten, um Dinge gewiß zu machen, nichts in der Geometrie zuließen, was nicht vorher synthetisch bewiesen worden war, bewies er die Lehrsätze synthetisch, damit das System der Himmel auf gute Geometrie gegründet werden möchte. Und dies macht es nun schwierig für ungeübte Menschen die Analysis zu erkennen, durch die jene Lehrsätze gefunden worden sind.

Von unserem heutigen Standpunkt können wir sogar noch hinzufügen: Die „Principia" sind überhaupt schwierig zu lesen; zusätzliche Schwierigkeiten ergeben sich noch dadurch, daß sie in der Sprache der alten Mathematik verfaßt sind. Heutige Leser, die im Umgang mit der Infinitesimalrechnung geübt sind, würden die moderne Darstellungsweise vorziehen und froh sein, sie in der Sprache der Fluxionen oder sogar der Leibnizschen Infinitesimalrechnung lesen zu können.

Endlich – und doch in Anbetracht des schwierigen Inhaltes schon im April 1686 – wurde ein erster Teil des geplanten Gesamtwerkes an die Royal Society gesandt.

Unmittelbar danach kam es zu einem erneuten Streit zwischen Hooke und Newton, der solche Formen annahm, daß Hooke praktisch den Sitzungen der Royal Society fernblieb und Newton nur mit größter Mühe dazu gebracht werden konnte, seine Untersuchungen fortzusetzen.

Hooke beschuldigte Newton mehrfach glatt des Plagiates an seinen eigenen Ergebnissen und Ideen; er vermochte nicht einzusehen, daß Newtons Verdienst gerade in der Beweisführung mittels mathematischer Methoden lag, also in der Durchführung des Grundgedankens und in der Anwendung auf die Probleme des Weltsystems. Newton seinerseits reagierte gereizt und später sogar ungerecht, indem er Hooke jedes Verdienst absprach:

Hooke hat nichts getan und dennoch so geschrieben, als ob er alles gewußt und ausreichend angedeutet hätte bis auf das, was durch die Schufterei von Berechnungen und Beobachtungen noch zu bestimmen blieb; von dieser Mühe entschuldigte er sich auf Grund seiner andern Tätigkeit, während er sich lieber auf Grund seiner Unfähigkeit hätte entschuldigen sollen. Denn aus seinen Worten geht klar hervor, daß er nicht wußte, wie er dabei zu-

wege gehen sollte. Ist das nicht wirklich schön? Mathematiker, die alles
herausfinden, klären und die ganze Arbeit tun, sollen sich damit begnügen,
nichts weiter zu sein als trockne Rechner und Schreibsklaven, und ein and-
rer, der nichts tut als vortäuschen und nach allen Dingen tappen, soll die
ganze Erfindung davontragen, und dazu noch jene, die ihm folgen, wie
auch die, die ihm voraufgingen.

Die folgenden Teile II und III der „Principia" gewannen erst im
Frühjahr des Jahres 1687 ihre druckreife Form. Das vollständige
Buch erschien Mittsommer desselben Jahres im Druck und war
– gegen alle Erwartungen – bald vergriffen, so daß in aller Eile
eine sog. Titelauflage (nur mit anderem Titelblatt) erfolgte.
Auch und gerade in der Schlußphase der Drucklegung konnte sich
Newton der energischen und freundschaftlichen organisatorischen
und sachlichen Hilfe Halleys erfreuen. Im Vorwort würdigt Newton Halleys Anteil an den „Principia":

Bei der Herausgabe dieses Werkes hat Edmond Halley, dieser höchst scharf-
sinnige und vielseitig gelehrte Mann, vielfache Mühe verwandt. Er hat
nicht nur die Korrektur und die Holzschnitte besorgt, sondern war überhaupt auch derjenige, welcher mich zur Abfassung dieses Werkes veranlaßt
hat. Da er nämlich von mir einen Beweis der Gestalt, welche die Bahnen
der Himmelskörper haben, verlangt hatte; so bat er mich, ich möchte denselben der Königlichen Gesellschaft mitteilen. Diese bewirkte hierauf durch
ihre Aufforderung und Oberleitung, daß ich anfing, an die Herausgabe des
Werkes zu denken.

Principia

Kein anderes Werk in der ganzen Wissenschaftsgeschichte kommt den Principia in Originalität oder Kraft des Denkens gleich, ebensowenig in der Großartigkeit des Erreichten. Kein anderes verwandelte die Struktur der Naturwissenschaften so sehr ... Es konnte nur einen einzigen Augenblick geben, in dem Experiment und Beobachtung, die mechanistische Philosophie und fortgeschrittene mathematische Verfahren so zusammengebracht werden konnten, daß sie ein Denksystem bildeten, das gleichzeitig völlig konsequent in sich selbst war und sich durch jeden nur möglichen empirischen Test verifizieren ließ.

A. Rupert Hall

Bereits das erste im Jahre 1686 fertiggestellte Teilstück des großen Werkes erhielt den Titel „Philosophiae naturalis principia mathematica", was „Mathematische Prinzipien der Naturphilosophie" bedeutet; das ist gemäß dem damaligen Sprachgebrauch etwa „Mathematische Prinzipien der Naturwissenschaft".

Der Titel stellte sich überdies in bewußten Gegensatz zu Descartes, indem er auf den Titel „Principia philosophiae", eines 1644 von Descartes publizierten Werkes, anspielte. Der Buchtitel war also mit Bedacht gewählt: Es ging nicht um Experimentalphysik, sondern um die Ableitung des universellen Gravitationsgesetzes. Auf dem so gewonnenen abstrakt-mathematischen Niveau galt es, in Übereinstimmung mit den Beobachtungen die anderen Naturerscheinungen zu berechnen.

Newton selbst hat seine Absichten und eigentlich sogar sowohl seine gesamte Forschungsmethode als auch den Inhalt der „Principia" bereits im Vorwort zu den „Principia" folgendermaßen umrissen:

Alle Schwierigkeit der Physik besteht nämlich dem Anschein nach darin, aus den Erscheinungen der Bewegung die Kräfte der Natur zu erforschen und hierauf durch diese Kräfte die übrigen Erscheinungen zu erklären. Hierzu dienen die allgemeinen Sätze, welche im ersten und zweiten Buche behandelt werden. Im dritten Buche haben wir, zur Anwendung derselben, das Weltsystem erklärt. Dort wird nämlich aus den Erscheinungen am Himmel, vermittelst der in den ersten Büchern mathematisch bewiesenen Sätze, die Kraft der Schwere abgeleitet, vermöge welcher die Körper sich bestreben, der Sonne und den einzelnen Planeten sich zu nähern. Aus derselben Kraft werden dann, gleichfalls vermittelst mathematischer Sätze, die Bewegungen der Planeten, Kometen, des Mondes und des Meeres abgeleitet.

PHILOSOPHIÆ
NATURALIS
PRINCIPIA
MATHEMATICA.

Autore *JS. NEWTON,* Trin. Coll. Cantab. Soc. Mathefeos
Profeffore *Lucafiano,* & Societatis Regalis Sodali.

IMPRIMATUR.
S. PEPYS, *Reg. Soc.* PRÆSES.
Julii 5. 1686.

LONDINI,

Juffu *Societatis Regiæ* ac Typis *Jofephi Streater.* Proftat apud
plures Bibliopolas. *Anno* MDCLXXXVII.

9 Titelblatt der „Principia" (Titelauflage)

Newtons „Principia" erlebten zu seinen Lebzeiten drei Auflagen.
Die zweite Auflage, in der auch Fehler und Irrtümer behoben
wurden, wurde von Roger Cotes, einem englischen Mathematiker,
im Jahre 1713 herausgegeben; die Vorrede von Cotes ergriff lei-
denschaftlich für Newton Partei. Die dritte, von Pemberton besorgte Ausgabe erschien 1726. (Schon oben und im folgenden wird
nach der deutschsprachigen Ausgabe von J. Ph. Wolfers, 1872,
zitiert.)
Das Buch I der „Principia" beginnt mit einer Reihe von Definitionen und Axiomen, in denen die Fundamente der Mechanik
gelegt werden: Zunächst werden – nach heutiger Terminologie –

Masse, Bewegungsgröße, Trägheit, Kraft und Zentripetalkraft definiert.

Erklärung 1: Die Größe der Materie wird durch ihre Dichtigkeit und ihr Volumen vereint gemessen.
Erklärung 2: Die Größe der Bewegung wird durch die Geschwindigkeit und die Größe der Materie vereint gemessen.
Erklärung 3: Die Materie besitzt das Vermögen zu widerstehen; deshalb verharrt jeder Körper, soweit es an ihm ist, in einem Zustand der Ruhe oder der gleichförmigen geradlinigen Bewegung.

Hier an dieser Stelle geht Newton entscheidend über Galilei hinaus, der das Verweilen der Planeten auf ihrer Bahn damit erklärt hatte, daß die gleichförmige Bewegung auf Kreisbahnen kräftefrei erfolgt.

Erklärung 4: Eine angebrachte Kraft ist das gegen einen Körper ausgeübte Bestreben, seinen Zustand zu ändern, entweder den der Ruhe oder den der gleichförmigen geradlinigen Bewegung.

Auch mit dieser Definition des Kraftbegriffes leitete Newton die Wende zur modernen Physik ein: Kraft ist Ursache der Änderung des Bewegungszustandes, sie wird zur Ursache einer Beschleunigung. Die Aufrechterhaltung einer gleichförmigen geradlinigen Bewegung (im Vakuum) zum Beispiel ist ohne das Wirken einer Kraft möglich. Damit bereitete Newton der im Altertum und Mittelalter geführten Diskussion um „Kraft" (vis, virtus, impetus) ein Ende. Der ausklingenden Diskussion wegen fügte Newton das Wort „angebrachte" oder „eingeprägte" Kraft an, das das lateinische „vis impressa" bedeutet, und setzt in den Erläuterungen der Definition hinzu:

Diese Kraft besteht nur in dem Bestreben und sie verbleibt, nachdem sie dieses ausgeübt hat, nicht im Körper. Dieser verharrt nämlich in jedem neuen Zustande nur vermöge der Kraft der Trägheit.

Den Definitionen schließt Newton eine ausführliche Anmerkung an, in der er auf die Begriffe Zeit, Raum, Ort und Bewegung eingeht. Danach existieren Zeit und Raum objektiv, ohne Beziehung zueinander und bilden sozusagen den Rahmen, in dem sich das physikalische Geschehen abspielt. In der Anmerkung beschreibt er u. a. den absoluten Raum und die absolute Zeit; damit werden naturwissenschaftlich handhabbare Voraussetzungen seiner Naturphilosophie fixiert:

Die absolute, wahre und mathematische Zeit verfließt an sich und vermöge ihrer Natur gleichförmig und ohne Beziehung auf irgend einen äußeren Gegenstand. Sie wird so auch mit dem Namen Dauer belegt ...
Der absolute Raum bleibt vermöge seiner Natur und ohne Beziehung auf einen äußeren Gegenstand, stets gleich und unbeweglich.

Der Auseinandersetzung naturphilosophischer Grundbegriffe folgen die drei berühmten „Grundsätze oder Gesetze der Bewegung"; wir sprechen heute von der axiomatischen Grundlegung der Physik.

1. Gesetz: Jeder Körper beharrt in seinem Zustande der Ruhe oder der gleichförmigen geradlinigen Bewegung, wenn er nicht durch einwirkende Kräfte gezwungen wird, seinen Zustand zu ändern ...
2. Gesetz: Die Änderung der Bewegung ist der Einwirkung der bewegenden Kraft proportional und geschieht nach der Richtung derjenigen gerade Linie, nach welcher jene Kraft wirkt ...
3. Gesetz: Die Wirkung ist stets der Gegenwirkung gleich, oder die Wirkungen zweier Wirkungen auf einander sind stets gleich und von entgegengesetzter Richtung.

Das erste Gesetz drückt das Trägheitsprinzip aus. Es erscheint dem heutigen Physiker nahezu als selbstverständlich als einer der Grundpfeiler der Mechanik. Aber man sollte sehen, daß das Trägheitsprinzip und das erste Gesetz von Newton erst als Krönung eines schwierigen historischen Erkenntnisweges formuliert werden konnten. Zugleich war dieser Schritt keineswegs trivial. Noch rund ein dreiviertel Jahrhundert nach Newton hat der junge Naturforscher und spätere Philosoph Immanuel Kant in einer seiner Jugendschriften „Über die wahre Schätzung der lebendigen Kräfte" (1746) geschrieben:

... teile ich alle Bewegungen in zwei Hauptarten ein. Die eine hat die Eigenschaft, daß sie sich in dem Körper, dem sie mitgeteilt worden, selber erhält und ins unendliche fortdauert, wenn kein Hindernis sich entgegensetzet. Die andere ist eine immerwährende Wirkung einer stets antreibenden Kraft, bei der nicht einmal ein Widerstand nötig ist, sie zu vernichten, sondern die nur auf die äußerliche Kraft beruhet und ebenso bald verschwindet, als diese aufhöret, sie zu erhalten. Ein Exempel von der ersten Art sind die geschossene Kugel und alle geworfene Körper, von der zweiten Art ist die Bewegung einer Kugel, die von der Hand sachte fortgeschoben wird oder sonst alle Körper, die getragen oder mit mäßiger Geschwindigkeit gezogen werden.

Und es ist kaum glaublich, daß Kant am Ende seiner Abhandlung zu der Feststellung gelangt: „So haben wir denn noch zur Zeit

keine dynamischen Grundsätze, auf welche wir mit Recht bauen
können."

Das zweite Gesetz ist von Newton in einer Weise formuliert worden, die – wenn man so will – weit in die Zukunft weisen sollte.
Nach der zweiten Definition bedeutet „Änderung der Bewegung"
die (zeitliche) Änderung des Produktes aus Masse und Geschwindigkeit. In moderner Schreibweise hat man also

$$\Delta(\vec{mv}) \approx \vec{F} \cdot \Delta t.$$

In dieser von Newton gewählten Formulierung ist also, wenigstens
gedanklich, sogar der relativistischen Massenänderung bei Änderung des Bewegungszustandes potentiell-historisch der Boden be-
reitet. Bei konstanter Masse ergibt sich daraus das Grundgesetz
der klassischen Mechanik

Masse mal Beschleunigung ist Kraft.

Das dritte Gesetz, für das wir heute die Kurzfassung „actio =
reactio" verwenden, postuliert, daß Kräfte immer paarweise auftreten. Der Mond zieht also die Erde ebenso stark an wie die
Erde den Mond. Das dritte Gesetz ermöglicht demnach den Übergang von der Mechanik eines Massenpunktes zu der von Massen-
punktsystemen.

Im Anschluß stellt Newton in Zusätzen fest, daß, modern ausge-
drückt, Kräfte sich unabhängig voneinander einander überlagern
(Superpositionsprinzip der Kraftwirkungen). Der erste Zusatz
beispielsweise ist der Satz vom Kräfteparallelogramm.

Ein Körper beschreibt in derselben Zeit, durch Verbindung zweier Kräfte,
die Diagonale eines Parallelogramms, in welcher er, vermöge der einzelnen
Kräfte, die Seiten beschrieben haben würde.

Am Ende dieses einführenden Teiles beruft sich Newton bei den
von ihm ausgesprochenen Prinzipien auf die von seinen Vorläufern
erreichten experimentellen Bestätigungen. Insbesondere werden die
Leistungen von Galilei, Wren, Wallis, Huygens und Edme Ma-
riotte gewürdigt.
Den Inhalt der „Principia" wiederzugeben fällt schwer in Anbetracht der Fülle und Schwierigkeit der behandelten Themen.
Das Buch I stellt eine Theorie der Himmelsmechanik dar. Es behandelt die mathematischen Beziehungen zwischen Zentralkräften

und den Umlaufbahnen und mündet in den Beweis des zentralen Satzes, daß sich ein Körper auf einem Kegelschnitt (Ellipse, Parabel, Hyperbel) bewegt, wenn eine mit dem reziproken Quadrat der Entfernung abnehmende Kraft wirkt; das Anziehungszentrum ist dann in einem der Brennpunkte des Kegelschnittes gelegen. Gelöst werden ferner für die Astronomie wichtige praktische Probleme, u. a. das der Bahnbestimmung aus wenigen beobachteten Bahnelementen. Weiterhin beweist Newton die recht tiefliegende Einsicht, daß ein sphärischer Körper (außerhalb seiner Begrenzung) Gravitationskräfte entwickelt, so, als sei seine gesamte Masse im Schwerpunkt, im Mittelpunkt konzentriert. Ferner gibt Newton immerhin Näherungslösungen des (nicht allgemein lösbaren) Dreikörperproblems, also etwa der Bewegungen des Systems Sonne, Erde und Mond.

Auch das Buch II der „Principia" ist in dem Sinne abstrakt, daß es ganz allgemeine Bewegungen behandelt, und zwar Bewegungen von Körpern im widerstrebenden Medium. Der Widerstand kann der Geschwindigkeit oder dem Quadrat der Geschwindigkeit proportional sein oder noch komplizierteren Abhängigkeiten genügen. Ja, es wird im Abschnitt VII zum erstenmal ein Variationsproblem gestellt und behandelt: Gesucht ist derjenige Rotationskörper, der bei vorgegebener Größe des (kreisförmigen) Querschnittes einer Bewegung im widerstrebenden Medium den geringsten Strömungswiderstand bietet. Ganz besonders dieses Buch II zielt auf die Widerlegung der Wirbeltheorie von Descartes ab; auch ohne Wirbel lassen sich, wie Newton zeigt, Bewegungen im Medium berechnen. Ohne hier auf Einzelheiten eingehen zu können, kann man feststellen: Das Buch II der „Principia" stellt eine im Ansatz bereits weit gediehene, im Detail der Durchführung recht beachtliche Hydromechanik oder Mechanik der Kontinua dar. Die Etablierung dieses Gebietes zu einer selbständigen wissenschaftlichen Disziplin sollte aber erst das Werk des 18. Jahrhunderts sein.

Das Buch III der „Principia" bringt eine reiche Ernte ein. Die in den Büchern I und II abgeleiteten allgemeinen Gesetze der Bewegung werden auf konkrete Probleme der Natur angewandt. Behandelt werden u. a. die Bewegungen der Planeten auf der Grundlage ausgemessener astronomischer Daten, die Bewegungen des Mondes, die Gezeiten, die Präzession der Äquinoktien und die

Bewegungen der Kometen. Die „Principia" schließen mit einem längeren Kapitel „Über das Weltsystem", in dem Newton in bewußt populärer Form, also unter weitgehendem Verzicht auf mathematische Demonstrationen, ein Gemälde der Bewegungen, Größen- und Kraftverhältnisse innerhalb des Planetensystems entwirft. Man kann übrigens mit großer Sicherheit annehmen, daß dieses Kapitel die ursprüngliche Fassung des Buches III darstellt und daß er sich im Hinblick auf die Auseinandersetzungen mit Hooke bewogen fühlte, ihm durch strenge mathematische Beweisführung stärkere Überzeugungskraft zu verleihen.

Chemische Studien

Alles, was lediglich wahrscheinlich ist, ist wahrscheinlich falsch.

René Descartes

Newton hat sich rund dreißig Jahre lang, während einiger Zeitabschnitte davon sogar recht intensiv, mit chemischen Studien befaßt. Erwiesen ist insbesondere seine umfangreiche experimentelle Tätigkeit. Ein Tagebuch mit ausführlichen Notizen über seine Experimente, eine stattliche Reihe von Aufzeichnungen und ein entsprechender Briefwechsel blieben erhalten. Sogar eine kleinere chemische Abhandlung über die Natur der Säuren ließ Newton drucken. Die „Opticks" und die „Principia" enthalten darüber hinaus eine große Anzahl gelegentlich sogar umfangreicher Passagen, die seine Ansichten und Vorstellungen über Beschaffenheit und Struktur der Materie enthalten.

Und dennoch: Bis heute hat sich kein unumstößlich klares und erschöpfendes Bild über Newtons chemische Tätigkeit gewinnen lassen. Die Einschätzungen schwanken zwischen „Newton, der exakte Chemiker" und „Newton, der Alchimist und Adept". Ältere und auch wieder neuere historische Arbeiten haben die alchimistische Seite in Newtons Werk stark betont und seine Ambitionen auf diesem Gebiet als reichlich exzentrisch und im gewissen Sinne als im Widerspruch zu seiner sonstigen wissenschaftlichen Grundhaltung stehend dargestellt.

Mir scheint, daß man jedem der verschiedenartigen Aspekte von Newtons chemisch-alchimistischer Tätigkeit Aufmerksamkeit schenken und ihn als definitiv existierend anerkennen muß. Im übrigen ist gerade für die Zeit Newtons, also für das ausgehende 17. Jahrhundert, die Grenzziehung zwischen Chemie und Alchimie schwierig; und entsprechend schwierig gestaltet sich die Einschätzung von Newton.

Zunächst steht fest, daß Newton bereits in der Apotheke von Grantham die Neigung zu chemischen Experimenten erwarb. Eine authentische Nachricht darüber liegt vor, daß er 1669 Salpetersäure, Quecksilbersublimat (Quecksilber II-cholorid), Antimon, Alkohol, Salpeter und andere Chemikalien kaufte und ferner einen

Schmelzofen errichtete. Aus der Rückerinnerung berichtete sein Assistent:

Seine Ziegelöfen (wie dazu geboren) machte und änderte er selbst, ohne einen Maurer zu bemühen ... Er ging sehr selten vor zwei oder drei Uhr zu Bett, manchmal nicht vor fünf oder sechs, lag vier oder fünf Stunden, besonders im Frühling und beim Fall des Laubes, zu welchen Zeiten er gewöhnlich sechs Wochen in seinem Laboratorium verbrachte, wo das Feuer selten bei Nacht oder Tage ausging; er saß eine Nacht auf und ich die andere, bis er seine chemischen Experimente beendet hatte, in deren Durchführung er überaus genau, streng und exakt war ...

Um eben diese Zeit – Ende der sechziger Jahre, Anfang der siebziger Jahre – war Newton mit der Konstruktion des Spiegelteleskopes beschäftigt. Notwendigerweise mußte er ausgedehnte Versuche unternehmen, um zum Polieren geeignete und möglichst korrosionsfreie Legierungen aufzufinden. So ist es verständlich, daß sich gerade um diese Zeit besonders viele Experimente mit Metallen, ihren Legierungen und deren Eigenschaften befassen. In einem Brief an die Royal Society vom 29. September 1671 berichtet er beispielsweise:

Anfangs schmolz ich reines Kupfer, dann fügte ich Arsen hinzu, und nachdem ich es nochmals geschmolzen hatte, vermischte ich alles, indem ich mich hütete, den giftigen Rauch einzuatmen. Dann fügte ich Zinn hinzu, und nach einer sehr schnellen Schmelzung schmolz ich alles erneut. Hiernach goß ich sofort alles aus.

Bei den chemisch-metallurgischen Experimenten spielten Quecksilber und Antimon eine große Rolle. Dabei ging es u. a. um Legierungen möglichst niedrigen Schmelzpunktes, um eine Mischung, welche schon „in der Sonne schmelzen soll". Diese Art von Experimenten hielt noch bis 1693/95 an. Besonders leicht schmelzbar erwies sich eine Legierung aus 2 Teilen Blei, $2^1/_2$ Teilen Zinn und $3^1/_2$ Teilen Wismut. Die nach Newton benannte (aber wohl nicht von ihm selbst hergestellte) Legierung – 3 Teile Blei, 3 Teile Zinn, 8 Teile Wismut – besitzt immerhin den recht niedrigen Schmelzpunkt von 94,5 Grad Celsius.

Somit wird ein übriges Mal das hohe experimentelle Geschick und die Sorgfältigkeit des Experimentierens auch des Chemikers Newton erwiesen. Insbesondere muß – wie es M. Boas und A. R. Hall taten – hervorgehoben werden, wie stark und betont quantitativ, d. h. auf Grund von Wägungen Newton gearbeitet hat, zeitlich weit vor Antoine Laurent Lavoisier, mit dem dieser methodische Fortschritt der Chemie im allgemeinen in Verbindung gebracht wird.

Diese chemischen Experimente standen demnach in unmittelbarem Zusammenhang mit praktisch-physikalischen Problemen. Ausführliche Auslassungen von Newton zur Struktur der Materie in den „Opticks" und den „Principia" und im Briefwechsel weisen nachdrücklich auf einen anderen Aspekt der chemischen Studien von Newton hin.

Newton war – wie etwa auch Boyle – ein überzeugter Anhänger der Korpuskulartheorie und des Atomismus. In den „Allgemeinen Erläuterungen" der „Principia" von 1713 stellt er fest:

Ich nehme als wahrscheinlich an, daß Gott am Anfang die Materie in massiven, festen, harten, undurchdringlichen, beweglichen Partikeln gebildet hat, und zwar von solchen Größen und Gestalten und mit solchen andern Eigenschaften und in solchen Proportionen zum Raum, wie es dem Ziel am meisten dienlich ist, zu dem er sie gebildet hat … Die Veränderungen körperlicher Dinge [können] nur in den verschiedenen Trennungen und neuen Zusammensetzungen und Bewegungen dieser beständigen Partikeln stattfinden.

Und weiter heißt es, in den „Regeln zur Erforschung der Natur" im Buch III der „Principia":

Daß mehrere Körper hart sind, erfahren wir durch Versuche. Die Härte des Ganzen entspringt aus der Härte der Teile, und hieraus schließen wir mit Recht, daß nicht nur die wahrnehmbaren Teile dieser Körper, sondern auch die unzerlegbaren Teilchen aller Körper hart sind … Die Ausdehnung, Härte, Undurchdringlichkeit, Beweglichkeit und Kraft der Trägheit des Ganzen entspringt aus denselben Eigenschaften der Teile: hieraus schließen wir, daß die kleinsten Teile der Körper ebenfalls ausgedehnt, hart, undurchdringlich, beweglich und mit der Kraft der Trägheit begabt sind. Hierin besteht die Grundlage der gesamten Naturlehre.

Diese Passagen sind typisch: Nach allgemeiner Auffassung der Anhänger der Korpuskulartheorie können die makroskopischen Eigenschaften der Körper wie Härte, Schwere, Farbe, Löslichkeit usw. aus den Eigenschaften ihrer kleinsten Partikel abgeleitet werden. Daraus folgte für Newton konsequenterweise umgekehrt, daß durch chemische Untersuchungen der kleinsten Teile der Körper das Phänomen der Gravitation, ihr optisches Verhalten und andere

Kräfte aufgeklärt werden müssen und könnten: Die Chemie wird bei Newton zu einer Art Grundlagenwissenschaft, durch die Schwere, Licht usw. – über die von ihm in früheren Forschungsperioden geleistete mathematische Beschreibung der Gesetzmäßigkeiten hinausgehend – ursächlich erforscht werden können. Daher sagt Newton: „Das ist die Grundlage der gesamten Naturlehre."

So steht ganz offenbar ein Teil der chemischen Experimente und Ansichten Newtons im direkten Zusammenhang mit seinem gedanklichen Ringen um die Annahme oder Ablehnung der Existenz eines Äthers. In einem Brief an Boyle, Februar 1679, heißt es unter anderem:

Nehmen wir an, es wird irgendein Farbstoff, z. B. Cochenillenfarbe oder Campecheholz, ins Wasser gelegt. Kaum, daß das Wasser in die Poren dieser Körper eindringt, wird jedes Teilchen von allen Seiten befeuchtet, welche mit dem Körper ... kohärieren.

Das Wasser hebt auf oder vermindert zumindest jenes Element, welches die Teilchen mit dem Körper verbindet, denn es macht den Äther von allen Seiten des Teilchens hinsichtlich der Dichte gleichartiger als früher. Hierbei schwimmt das Teilchen, das bei der geringsten Bewegung losgerissen wird, im Wasser und schafft zusammen mit anderen Teilchen die Farben.

Später mußte Newton im Hinblick auf die Bewegungen der Planeten im Raum die Idee von einem „Äther" fallenlassen. An deren Stelle trat die Vorstellung der universellen „Anziehung" zwischen schweren Körpern. Auf dieser Grundlage gelangte er – außer zur Gravitationstheorie – auch zu expliziten chemischen Vorstellungen. So diskutiert er etwa in der Abhandlung „De natura acidorum" (Über die Natur der Säuren), die nach 1687 (den „Principia") geschrieben, aber erst 1704 veröffentlicht wurde, beispielsweise die Frage, ob die Säurepartikeln vom Metall angezogen werden oder ob ein Metallsalzpartikel nicht aus einem Metallkorpuskel bestünde, das von einer Säuresphäre umgeben sei, die durch Attraktion dort festgehalten werde. Es führt aus:

Die Teilchen der Säuren sind größer als die Teilchen des Wassers und deswegen weniger flüchtig, aber viel kleiner als die Teilchen der festen Körper und deswegen bedeutend weniger kohäsiv. Sie besitzen eine große Anziehungskraft, und hierin besteht ihre Wirkung ... Ihre Natur liegt zwischen Wasser und Körper, und sie ziehen dieses und jene an. Infolge ihrer Anziehungskraft sammeln sie sich sowohl um die steinernen als auch um die metallischen Körperteilchen ... Vermittels der Anziehungskraft zerstören die Säuren die Körper, bewegen sie die Flüssigkeit und erzeugen Wärme, indem sie hierbei einige Teilchen so sehr aufteilen, daß sie in Luft verwandelt werden und Bläschen bilden. Hierin besteht die Grundlage der Lösung und der Gärung.

Man kann nicht umhin, auch bei solchen Aussagen Newtons Weitblick zu bewundern. Hier wird – natürlich in einer noch wenig ausentwickelten Form und behaftet mit zeitbedingten Unklarheiten und Irrtümern – dennoch manche Grundvorstellung der modernen Chemie vorweggenommen. Newton stieß bis zu der Ansicht vor, daß das Partikel aus einem „Zentrum" (der Anziehung) besteht, umgeben von einer in relativ großem Abstand befindlichen „Sphäre" – soll man sagen, daß hier die aus Atomkern und Elektronenhülle bestehende Struktur des Atoms vorgedacht wurde?
Gewiß: Newtons chemische Ansichten werden zum überwiegenden Teil in tastender, fragender, jedenfalls recht vorsichtiger Form vorgetragen. In den „Opticks" werden chemische Probleme und Experimente sogar expressis verbis unter den berühmten „Fragen" behandelt. Es ist hier nur Platz, eine Passage aus der „Frage 31" zu zitieren, die besonders stark chemisch orientiert ist.

... wenn eine Auflösung von Eisen in Scheidewasser den Galmei [Zinkerz – H. W.] auflöst und das Eisen frei läßt, oder eine Kupferlösung ein eingetauchtes Stück Eisen auflöst und das Kupfer abgibt, oder eine Silberlösung Kupfer auflöst und Silber abgibt, oder eine Lösung von Quecksilber in Scheidewasser, auf Eisen, Kupfer, Zinn oder Blei gegossen, das Metall unter Abgabe von Quecksilber auflöst: beweist dies nicht, daß die sauren Teilchen des Scheidewassers durch den Galmei stärker angezogen werden, als durch das Eisen, durch das Eisen stärker, als durch Kupfer, durch Kupfer stärker, als durch Silber, und durch Eisen, Kupfer, Zinn und Blei kräftiger, als durch Quecksilber?

Könnte man in einer solchen Passage nicht einen Vorgriff auf den Begriff „Affinität" und die Entdeckung der chemischen Spannungsreihe erblicken?
In ähnlicher Weise, als Wechselspiel von Anziehung und Abstoßung, behandelt Newton mancherlei chemische Umsetzungen und chemische Präparate, u. a. das hygroskopische Verhalten von Weinsteinsalz, die Mischung von Vitriolöl mit Wasser, die Sublimation von Zinnober und Schwefel und manches andere mehr. Zu Anfang der „Frage 31" hatte er zur Diskussion gestellt:

Besitzen nicht die kleinen Partikeln der Körper gewisse Kräfte, durch welche sie in die Ferne hin nicht nur auf die Lichtstrahlen einwirken, um sie zu reflektieren, zu brechen und zu beugen, sondern auch gegenseitig auf einander, wodurch sie einen großen Teil der Naturerscheinungen hervorbringen? Denn es ist bekannt, daß die Körper durch die Anziehungen der Gravitation, des Magnetismus und der Elektrizität auf einander einwirken. Diese Beispiele, die uns Wesen und Lauf der Natur zeigen, machen es wahrscheinlich, daß es außer den genannten noch andere anziehende Kräfte geben mag, denn die Natur behauptet immer Gleichförmigkeit und Übereinstimmung mit sich selbst.

Bisher war uns Newton in seinen chemischen Studien als exakter, rationaler Naturforscher entgegengetreten. Doch derselbe Newton stand zugleich in enger Beziehung zur Alchimie. Freilich hat er von dieser Seite seiner Tätigkeit so gut wie nichts publiziert und ist bei diesem Thema offensichtlich auch in seiner Korrespondenz recht zurückhaltend gewesen.

Natürlich war er weit entfernt davon, ein betrügerischer Goldmacher zu sein, von denen es zur Mitte des 17. Jahrhunderts allenthalben in Europa überreichlich gab. Doch bei den fließenden Grenzen zwischen Wissenschaft und Alchimie hat Newton über lange Jahre hinweg geglaubt, den Versuch unternehmen zu müssen, auch aus den alchimistischen Schriften den echten wissenschaftlichen Kern herausfinden zu sollen. Überhaupt sollte man bedenken, daß bei allem Geheimnisvollen hinter der Alchimie ein reales finanzielles und produktionstechnisches Interesse als gesellschaftlich treibende Ursache stand.

Newtons Aufzeichnungen und Auszüge weisen eine genaue Kenntnis der alchimistischen Schriften aus, u. a. der von Basilius Valentinus (Anfang 15. Jh.), Kerkringius, Ashmole, des „Marrow of Alchemy" (Kern der Alchimie), des „Musaeum Hermeticum" (hermetische Kunst bedeutet soviel wie Alchimie).

Aus heutiger Sicht gehört die damalige Idee von der Möglichkeit der Verwandlung der Metalle und insbesondere die von der Umwandlung unedler Metalle in edle zu den großen Irrtümern in der Geschichte der Wissenschaften, zumal, wenn man die damals zur Verfügung stehenden physikalisch-chemischen Möglichkeiten bedenkt. Vom Standpunkt der mechanistischen Korpuskulartheorie des 17. Jahrhunderts aber war es nicht von vornherein ausgemacht, ob nicht etwa doch die gegenseitige Verwandlung der Metalle

ineinander möglich sein könnte: Da nur die Art und Weise der
Zusammensetzung der Partikeln den spezifischen Charakter eines
Körpers bestimmt, warum sollte also nicht die Zerstörung des
Zusammenhanges der Partikel etwa im Antimon und deren Neu-
zusammensetzung etwa Silber ergeben? In diesem sozusagen natur-
wissenschaftlich-rationalistischen Sinne hat Newton offenbar die
Transmutation für möglich gehalten. So hat der sowjetische Physiker Sergei Iwanowitsch Wawilow in seiner Biographie auf folgende Überlegung Newtons hingewiesen:

Das Gold besteht aus sich gegenseitig anziehenden Teilchen, deren Summe
wir erste Verbindung nennen, und die Summe dieser Summe die zweite
usw. Das Quecksilber und das Goldscheidewasser können durch die Poren
zwischen den Teilchen der letzten Verbindung, aber nicht durch andere hindurchgehen. Wenn das Lösungsmittel durch die anderen Verbindungen hindurchgehen könnte, mit anderen Worten, wenn man die Teilchen des Goldes der ersten und zweiten Verbindung trennen könnte, würde das Gold
flüssig und formbar. Wenn das Gold fermentieren könnte, könnte es in be-
liebige andere Körper verwandelt werden.

Wawilow interpretiert diese Passage übrigens sogar ganz im Sinne
der neuen Physik:

Für die Zerstörung der Atome des Goldes muß man ein Teilungsverfahren
der am engsten verbundenen Teilchen finden, aus denen das Atom besteht.
Dieser Gedanke ist völlig richtig: der moderne Physiker weiß, daß man
zur Zerstörung des Goldatoms seinen Kern zerstören muß, d. h. das, was
Newton die „erste Verbindung" nennt.

Auf der Suche jedenfalls nach echten Hinweisen und Ergebnissen
hat Newton auf das genaueste auch alchimistische Schriften durch-
gearbeitet. Der überwiegende Teil der im Nachlaß gefundenen,
sehr umfangreichen alchimistischen Schriftstücke Newtons besteht,
wie die Analyse durch Historiker der Wissenschaft ergeben hat,
aus derartigen Auszügen und Notizen.
Demzufolge verwendet Newton in seinen Aufzeichnungen ebenfalls die allegorische, mystische und esoterische Terminologie der
Alchimisten. Beispielsweise bezeichnete er nach diesen Vorbildern
eine Mischung aus Kupfer, Eisen und Antimon als „Eiche" und
eine Zinn-Wismut-Legierung als „Diana". „Serpent" (Schlange)
bedeutet vermutlich essigsaures Antimon, das geheimnisvolle „Venus volans" (fliegende Venus) mit Ammoniumchlorid erhitztes

Kupfer, „Leo viridis" (grüner Löwe) vermutlich Kupferoxychlorid. Wieder andere Bezeichnungen sind schwer zu deuten oder bisher noch nicht eindeutig entschlüsselt, z. B. „Caduceus", „The Eagle of tin" (Zinnadler). Dazu kommt, daß Newton recht häufig Abkürzungen verwendet, z. B. schreibt er „Le. o." für „Lead ore" (Blei Metall). Noch komplizierter sind die von ihm verwendeten Symbole. So heißt es etwa:

Dissolve Leonem vir. volat. in sale centrale Veneris et destilla hic spiritus est Leonis vir. Sanguis Leonis viridis Venus, Draco Babylonicus omnia veneno suo interficiens, a columbis tamen Dianae mulcendo victus, Vinculum mercurii.
Neptun cum tridenta inducit Phos in hort soph. Ergo Neptunus est menstruum aqueum minerale ...

Zu deutsch würde das etwa bedeuten:

Löse den grünen geflügelten Löwen in sale Centrale der Venus auf, und das Destillierte ist der Geist des grünen Löwen, das Blut des grünen Löwen ist Venus; der babylonische Drache, der alles durch sein Gift tötet, ist dennoch von den Tauben der Diana durch Besänftigung besiegt, ist Quecksilber.
Neptun mit dem Dreizack führt die Philosophen in den Garten der Wahrheitssucher ein. Also ist Neptun ein wäßriges Minerallösungsmittel ...

Diese und ähnliche Notizen Newtons sind in ihrer chemischen Bedeutung ziemlich schwer zu erschließen; andere wieder bleiben sogar ganz dunkel, zumal er nirgends über den Zweck seiner Überlegungen und Experimente Auskunft gibt. Wieder andere Notizen Newtons sind ganz offensichtlich Versuchsprotokolle, die sich auf Grund der Einsicht in chemische Gesetzmäßigkeiten nachvollziehen und damit deuten lassen. Überdies stellen einige davon sozusagen die Rohfassung von chemischen Bemerkungen dar, die dann in die „Fragen" in den „Opticks" aufgenommen wurden, zum Beispiel ein Experiment zur Bereitung von „mercurius dulcis" (Quecksilberchlorid).
Zu den verschiedenen Zügen im Bild des Chemikers Newton tritt noch ein weiteres Element: Möglicherweise fand er intellektuellen Spaß daran, die absichtlich dunkel gehaltenen alchimistischen Schriften, also diese spezielle Art Geheimsprache, zu entziffern und zu deuten. Es finden sich in seinen Notizen gelegentlich Aus-

drücke der Befriedigung, wenn ihm das an dieser oder jener Stelle geglückt war. So heißt es einmal:

Vidi sal ammoniacum philosophicum. Hic non praecipitatur per salem tartari. (Ich habe das philosophische Ammoniaksalz erkannt. Dieses wird nicht vernichtet von Weinstein.)

Man hat mehrfach darüber Vermutungen angestellt, weshalb Newton – von Ausnahmen abgesehen – nichts Chemisches publiziert hat. Die beiden recht unterschiedlichen Auffassungen laufen auf folgendes hinaus: Der einen Variante zufolge hat Newton damit auf seine Tätigkeit bei der Königlichen Münze Rücksicht genommen: Man stelle sich den Direktor der Münze vor, der – als Alchimist – im Ruf gestanden hätte, er könne Gold machen. Der Zusammenbruch des englischen Währungssystems wäre die unmittelbare Folge gewesen. Nach der anderen Version habe Newton an einem größeren, zusammenhängenden Manuskript über die Grundlagen der Chemie nach Art und Umfang der „Opticks" gearbeitet und dieses sogar weitgehend fertiggestellt. Doch sei es bei einem Brand in seinem Arbeitszimmer zerstört worden. Ein Zeitgenosse berichtet:

Er schrieb auch eine chemische Abhandlung, welche die Grundlagen dieser geheimen Kunst auf Grund experimenteller und mathematischer Beweise erklärt; er schätzte dieses Werk sehr, aber es ist unglücklicherweise in seinem Laboratorium bei einem Brand vernichtet worden. Er hat sich nie mehr mit dieser Arbeit befaßt, was sehr bedauerlich ist.

Jedenfalls bietet sich dem Betrachter von Newtons chemisch-alchimistischer Tätigkeit ein vielschichtiges Bild. Ganz gewiß aber herrschen die Züge eines um Aufklärung naturwissenschaftlicher Sachverhalte und sogar um praktische und naturphilosophische Anwendung bemühten Forschers vor. Seine chemischen Experimente berührten allerdings nur Teile der damaligen Chemie, nämlich die Metalle, Metalloxide, Ammoniumsalze, Metallsulfide, Säuren und Schmelzbarkeit, Sublimation, aber zum Beispiel in keiner Weise die medizinischen Anwendungen der Chemie. Dies ist insofern erstaunlich, als im 17. Jahrhundert die Iatrochemie auf ihrem Höhepunkt stand.

Naturphilosophie

Je mehr der Mensch von der gesetzmäßigen Ordnung der Ereignisse durchdrungen ist, um so fester wird seine Überzeugung, daß neben dieser gesetzmäßigen Ordnung für andersartige Ursachen kein Platz ist. Er erkennt weder einen menschlichen noch einen göttlichen Willen als unabhängige Ursache von Naturereignissen an.

Albert Einstein

Die Stoßrichtung der Newtonschen „Principia" zielte erklärtermaßen gegen die um die Mitte des 17. Jahrhunderts vorherrschende Naturphilosophie, gegen die des Descartes. Newton widerlegte die Cartesische Wirbeltheorie und mokierte sich über die Vorstellung, die Bewegungsgesetze der Welt aus mechanischen Modellen ableiten zu wollen, wonach die Atome, mit Häkchen versehen, ineinander haften und so die Anziehung erklärbar werde.

Ganz im Gegenteil lehnte es Newton ab, über die mathematische Beschreibung der wirkenden Kräfte hinauszugehen und die mechanischen Ursachen der Schwerkraft zu benennen oder zu ergründen.

Ich habe ... die Erscheinungen der Himmelskörper und die Bewegungen des Meeres durch die Kraft der Schwere erklärt, aber ich habe nirgends die Ursache der letzteren angegeben ...

Ich habe noch nicht dahin gelangen können, aus den Erscheinungen den Grund dieser Eigenschaften der Schwere abzuleiten, und Hypothesen erdenke ich nicht. Alles nämlich, was nicht aus den Erscheinungen folgt, ist eine Hypothese, und Hypothesen, seien sie nun metaphysische oder physische, mechanische oder diejenigen der verborgenen Eigenschaften, dürfen nicht in die Experimentalphysik aufgenommen werden.

Damit schien Newton durch die Hintertür wieder jene seit Francis Bacons Zeiten verpönten „verborgenen Qualitäten" der alten aristotelischen Naturphilosophie eingeführt zu haben, die ein Wort für die Sache setzte und die Schwere durch eine den schweren Körpern innewohnende Kraft „erklärt" hatte.

Newton hat sich – mit Recht – mehrfach auch gegen diese aus mangelnder Einsicht entspringenden Mißverständnisse und gegen Angriffe auf seine physikalischen Prinzipien verteidigt, am deutlichsten vielleicht in der letzten der „Fragen" der „Opticks". Dort heißt es:

Es scheint mir ferner, daß diese Partikeln nicht nur Trägheit besitzen und damit den aus dieser Kraft ganz natürlich entspringenden passiven Bewegungsgesetzen unterliegen, sondern daß sie auch von aktiven Prinzipien, wie die Schwerkraft oder die Ursache der Gärung und der Kohäsion der Körper sind, bewegt werden. Diese Prinzipien betrachte ich nicht als verborgene Qualitäten, die etwa aus der spezifischen Gestalt der Dinge hervorgehen sollen, sondern als allgemeine Naturgesetze, nach denen die Dinge gebildet sind. Die Wahrheit dieser Prinzipien wird uns aus den Erscheinungen deutlich, wenn auch ihre Ursachen bis jetzt noch nicht entdeckt sind; denn dies sind bemerkbare Eigenschaften, nur ihre Ursachen sind verborgen. Auch die Aristoteliker geben den Namen einer Qualitas oculta nicht den bemerkbaren Eigenschaften, sondern nur denen, die nach ihrer Annahme in den Körpern verborgen lagen und die unbekannten Ursachen sichtbarer Wirkungen darstellen. Solche würden z. B. die Ursachen der Schwerkraft, der magnetischen und elektrischen Anziehung und die Gärung sein, wenn wir annehmen würden, daß diese Kräfte oder Wirkungen aus uns unbekannten Eigenschaften entsprängen, die wir nicht entdecken und klarstellen können. Solche verborgene Eigenschaften bilden ein Hemmnis für den Fortschritt der Naturerkenntnis und sind deshalb in den letzten Jahren verworfen worden.

Es lohnt sich, dieses – längere – Zitat aufmerksam zu lesen: Newton betont seine Parteinahme für die neue Naturwissenschaft, indem er bewußt die Erkennbarkeit der Ursachen der Kräfte hervorhebt. Damit stellte er sich objektiv auf die Positionen des naturwissenschaftlichen Materialismus. Seiner Hinwendung auf den wirklichen Gegenstand der Naturwissenschaft, auf die Erforschung der objektiv existierenden Natur entsprang – neben der Tatsache, daß er den Traditionen Francis Bacons verhaftet war – auch die Betonung der Induktion im Erkenntnisprozeß:

Wie in der Mathematik, so sollte auch in der Naturforschung bei Erforschung schwieriger Dinge die analytische Methode der synthetischen vorausgehen. Diese Analysis besteht darin, daß man aus Experimenten und Beobachtungen durch Induktion allgemeine Schlüsse zieht und gegen diese keine Einwendungen zuläßt, die nicht aus Experimenten oder aus anderen gewissen Wahrheiten entnommen sind. Denn Hypothesen werden in der experimentellen Naturforschung nicht betrachtet. Wenn auch die durch Induktion aus den Experimenten und Beobachtungen gewonnenen Resultate nicht als Beweise allgemeiner Schlüsse gelten können, so ist es doch der beste Weg, Schlüsse zu ziehen, den die Natur der Dinge zuläßt, und [der Schluß] muß für um so strenger gelten, je allgemeiner die Induktion ist. Wenn bei den Erscheinungen keine Ausnahme mit unterläuft, so kann der Schluß allgemein ausgesprochen werden. Wenn aber einmal später durch die Experimente sich eine Ausnahme ergibt, so muß der Schluß unter Angabe der Ausnahmen ausgesprochen werden. Auf diese Weise können wir in der Analysis vom Zusammengesetzten zum Einfachen, von den Bewegungen zu den sie erzeugenden Kräften fortschreiten, überhaupt von den Wirkungen zu ihren Ursachen, von den besonderen Ursachen zu den allgemeineren, bis der Beweis mit der allgemeinsten Ursache endigt. Dies ist die Methode der Analysis; die Synthesis dagegen besteht darin, daß die entdeckten Ursachen als Prinzipien angenommen werden, von denen ausgehend die Erscheinungen erklärt und die Erklärungen bewiesen werden.

Gelegentlich ließ sich Newton – wohl gerade in seiner Zurückweisung des Vorwurfes, er sei Neu-Aristoteliker – zu einer Überbetonung der Rolle der Induktion hinreißen. Dies trug ihm übrigens später durch Friedrich Engels die spöttische Bemerkung vom „Induktionsesel" Newton ein.

Andere Einwände gegen Newtons Naturphilosophie wiegen ungleich schwerer. Sie resultieren aus der unbestreitbaren Tatsache, daß, um es scharf zu formulieren, die während der Renaissance begonnene Emanzipation der Naturwissenschaften von der Theologie in gewisser Weise und bis zu einem gewissen Grad gebremst und sogar rückgängig gemacht wurde. Unbestreitbar hat Newton mit seinen Auffassungen, daß die Natur als Werk Gottes zu erfassen sei und daß gerade aus dem Studium der Naturerscheinungen die Existenz eines göttlichen Wesens offenbar wird, einen Schritt hinter die sich – auch in England – formierende Frühaufklärung mit ihren atheistischen Tendenzen getan. Er war überrascht und offensichtlich bestürzt, daß aus seinen naturwissenschaftlichen Ergebnissen atheistische Schlußfolgerungen gezogen und propagiert wurden, trotz seiner deutlichen Bekenntnisse zum göttlichen Schöpfungswerk.

In den „Principia" hatte Newton in erstaunlich pathetischem Ton an seine Zeitgenossen appelliert:

Die blinde metaphysische Notwendigkeit, welche stets und überall dieselbe ist, kann keine Veränderung der Dinge hervorbringen; die ganze, in Bezug auf Zeit und Ort herrschende Verschiedenheit aller Dinge kann nur von dem Willen und der Weisheit eines notwendig existierenden Wesens herrühren. Man sagt allegorisch: Gott sieht, hört, redet, lacht, liebt, haßt, wünscht, gibt, nimmt an, freut sich, zürnt, kämpft, arbeitet, baut, konstruiert; weil alles dasjenige, was man von Gott sagt, von irgend einer Vergleichung mit menschlichen Dingen entnommen ist. Diese Vergleichungen, wenn sie auch sehr unvollkommen sind, geben indessen doch eine schwache Vorstellung von ihm.

Dies hatte ich von Gott zu sagen, dessen Werke zu untersuchen die Aufgabe der Naturlehre ist.

Ähnliche Gedanken finden sich aber auch in anderen Schriften Newtons, z. B. heißt es in den „Opticks":

Und da ... Alles so wohl eingerichtet ist, wird es nicht aus den Naturerscheinungen offenbar, daß es ein unkörperliches, lebendiges, intelligentes und allgegenwärtiges Wesen geben muß, welches im unendlichen Raume, gleichsam seinem Empfindungsorgane, alle Dinge in ihrem Innersten durchschaut und sie in unmittelbarer Gegenwart völlig begreift ...

An Newton wird der Widerspruch der Zeit deutlich: Objektiv, im gesamthistorischen Zusammenhang, hat der Fortschritt der Naturwissenschaften Bedeutendes zur Stärkung der Positionen des materialistischen Denkens beigetragen. Unter den Bedingungen der lastenden idealistisch-christlichen und feudalen Traditionen konnte sich im wesentlichen nur ein naturwissenschaftlich orientierter Materialismus behaupten und durchsetzen; gleichzeitig blieben im Bereich der Ideologie im engeren Sinne Positionen des philosophischen Idealismus weitgehend erhalten. Eine komplizierte Situation also, die uns heute widersprüchlich, in ihren beiden Bestandteilen als miteinander unvereinbar erscheint.

Und doch hatte es seine historisch bedingte innere Folgerichtigkeit, wenn z. B. Boyle, einer der konsequentesten Anhänger der mechanischen Korpuskulartheorie, einen Teil seines Vermögens testamentarisch dazu bestimmte, daß man jährlich acht Vorlesungen gegen den Atheismus und für die Stärkung des christlichen Glaubens lesen sollte.

Diese kleine Episode wurde sogar zum Ausgangspunkt von Ereignissen, durch die wir weitere Aufschlüsse über Newtons naturphilosophische Ansichten erhalten haben.

Ein gewisser Richard Bentley, ein Geistlicher, wurde trotz seines relativ geringen Alters im Jahre 1692 als erster dazu ausersehen, die von Boyle angeregten öffentlichen, proreligiösen Vorlesungen zu übernehmen. Bentley stellte sie unter das Leitthema „A Confutation of Atheism" (Eine Widerlegung des Atheismus) und wandte sich scharf gegen die philosophisch-materialistischen Tendenzen des niederländischen Philosophen Baruch Spinoza und die des englischen Denkers Thomas Hobbes.

Zum Nachweis des Wirkens einer göttlichen Vorsehung beabsichtigte Bentley, sich für die letzten beiden Vorlesungen auf die „Principia" von Newton zu stützen und wandte sich daher mit der Bitte um Auskünfte an den Autor des Buches, das fünf Jahre zuvor erschienen war. Es scheint, daß Newton gerade erst durch die ziemlich detaillierten Fragen Bentleys gezwungen wurde, seine allgemein gehaltenen Ansichten genauer zu durchdenken.

Es ist hier nicht der Platz, in allen Einzelheiten den teilweise recht diffizilen, uns heute sogar stellenweise recht schwer nachvollziehbaren Argumentationen und Überlegungen Newtons und Bentleys zu folgen, die sich in dem 1692 beginnenden Briefwechsel finden. Interessant sind aber folgende allgemeingültige Passagen.

Zu Anfang des ersten Antwortbriefes an Bentley schreibt Newton:

Als ich meine Abhandlung über unser Weltsystem niederschrieb, lenkte ich nebenbei meine Aufmerksamkeit auf solche Prinzipien, die denkende Menschen zum Glauben an eine Gottheit hinlenken könnten; und nichts kann mich mehr erfreuen als es nutzbringend für diesen Zweck zu finden.

Dann beantwortete Newton eine Reihe der von Bentley gestellten Fragen. Er geht davon aus, daß die Materie bei der Schöpfung gleichmäßig über den Raum verteilt gewesen sei und daß jedes Partikel eine „angeborene" (innate) Kraft der Gravitation gegenüber allen anderen Partikeln besitze. Der Raum kann nicht endlich sein, sonst hätte die Gravitation zum Zusammenschluß aller Partikel in einem einzigen Körper führen müssen. Der Raum kann also nur unendlich sein; er besitzt keinen Mittelpunkt, statt dessen eine unendliche Anzahl großer Massenkomplexe. Wie aber auch immer die ursprüngliche Verteilung gewesen sei: Die Geschehnisse im Raum, der Lauf der Planeten kann nicht durch natürliche Ursachen ausgelöst worden sein, er muß aufgeprägt worden sein durch ein intelligentes Wesen.

Ich würde ... hinzufügen, daß die Hypothese, wonach die Materie ursprünglich gleichmäßig über die Himmel verbreitet gewesen sei, nach meiner Meinung unvereinbar ist mit der Hypothese einer angeborenen Gravitation ohne eine übernatürliche Kraft, um sie miteinander in Einklang zu bringen; und darum folgt eine Gottheit.

Mit anderen Worten: Newton schließt aus naturwissenschaftlichen Überlegungen, die sogar mit beträchtlichem Scharfsinn vorgebracht werden und die auf die Grundidee einer wissenschaftlichen Kosmogonie hinauslaufen, auf die Existenz einer Gottheit, die die Himmelsmaschine in Gang gesetzt habe! Treffend bemerkt daher Friedrich Engels in der „Dialektik der Natur":

Kopernikus, am Anfang der Periode, schreibt der Theologie den Absagebrief; Newton schließt sie mit dem Postulat des göttlichen ersten Anstoßes.

Gerade diese Fragestellung bzw. Behauptung Newtons wurde zum Hauptbestandteil einer naturphilosophischen Diskussion, die – wieder einmal – von den beiden kongenialen Denkern Leibniz und Newton bzw. ihren Anhängern ausgetragen und in ganz Europa mit Spannung und Leidenschaft verfolgt wurde. Der Wortführer der Newtonianer war Samuel Clarke, der die „Opticks" übersetzt hatte. Die Attacke auf Leibniz begann, nachdem 1713 die zweite Auflage der „Principia" erschienen war. Hatte Leibniz ziemlich deutlich Newton angeklagt, seine mechanische Naturphilosophie schwäche die religiösen Bindungen, so konterte Clarke, daß Leibniz' Vorstellung von der prästabilierten Harmonie zwischen Seele und Körper notwendigerweise Gott und die göttliche Vorsehung unnötig mache.
Leibniz brachte die Diskussion auf den Kernpunkt. Er vermochte es, den Widerspruch der Naturphilosophie des 17./18. Jahrhunderts deutlich zu machen, indem er Clarke eine Alternative vorlegte; A. R. Hall spricht in diesem Zusammenhang sehr treffend vom „intellektuellen Dilemma", der Naturphilosophie des 17. Jahrhunderts: Entweder stellt das Weltsystem ein großes mechanisches Uhrwerk dar, das mechanischen Gesetzen gehorchend abläuft; dann ist kein Platz für Wunder und göttliches Eingreifen und Gott als Idee und Regent des Weltsystems ist überflüssig. Oder aber Gott lenkt das Weltsystem; dann ist es sinnlos, sich die Welt als von mechanischen Gesetzen beherrscht und nach Naturgesetzen ablaufend vorzustellen. Entweder also ist das Weltsystem mechanisch und gesetzmäßig, oder es gibt Gott, und die Welt ist agesetzlich, voller Wunder.
Wenn auch Clarke, der insgeheim von Newton selbst mit Argumenten versorgt wurde, die Existenz dieses Dilemmas bestritt,

so muß man doch zugeben, daß vom Standpunkt der Logik und Erkenntnistheorie Leibniz voll im Recht war.

Der historische Vorgang aber brachte ein anderes Ergebnis: In den Augen der Zeitgenossen fiel der Sieg an Clarke, der mit dem Kunstgriff der Unterscheidung zwischen natürlichen und mechanischen Ursachen operiert und unterstellt hatte, daß das Weltgeschehen im allgemeinen nach Naturgesetzen abrolle, jedoch ein gelegentliches Eingreifen Gottes nicht auszuschließen sei, dann etwa, wenn die Welt aus den Fugen zu geraten drohe. Bissig und entrüstet hatte Leibniz dazu bemerkt:

Nein, die Maschine, die Gott erschaffen hat, ist nach Ansicht dieser Herren so unvollkommen, daß Gott verpflichtet ist, sie hin und wieder in einem außerordentlichen Zusammentreffen zu reinigen und sie sogar zu reparieren, wie ein Uhrmacher sein Werk repariert.

Die 1715/16 geführte Diskussion zwischen Clarke und Leibniz erschien 1717 im Druck. Merkwürdigerweise und eigentlich widersinnigerweise hatte dies zur Folge, daß Newtons „Principia" sich dem breiten Publikum, das die Originalschrift nicht kannte und sicher auch dem mathematischen Gehalt nicht hätte folgen können und wollen, als eine naturphilosophische Schrift darbot. So wie Newton als Philosoph von Bentley und Clarke interpretiert worden war, bildete sich während des frühen 18. Jahrhunderts nun auch auf dem Kontinent das Bild eines Naturforschers heraus, dessen Absichten und Ergebnisse voll mit der geistig-ideologischen Situation im europäischen Absolutismus im Einklang zu stehen schienen.

Ein marxistischer Wissenschaftshistoriker, Gerhard Harig, der in Leipzig am Karl-Sudhoff-Institut der Karl-Marx-Universität wirkte, hat diesen Widerspruch zwischen der unmittelbar konservativen Wirkung der Newtonschen Naturphilosophie und der auf die Dauer progressiven Nachwirkung der Newtonschen Naturwissenschaft in die Worte gekleidet:

Die klassische Mechanik wurde ... mit Unterstützung Newtons für die Kirche und die Bourgeoisie annehmbar gemacht. Ihre Ergebnisse gingen allerdings weit über diese ideologischen Schranken hinaus und konnten auch durch Newton selbst nicht aufgehoben werden. Die weitere Entwicklung der Newtonschen Mechanik hat entschieden zur Überwindung der Reste religiöser Vorstellungen in der Naturwissenschaft beigetragen.

Natürlich war Newton nicht nur als Naturphilosoph, sondern überhaupt der christlich orientierten Umwelt seiner Zeit verhaftet. Und er hat sich aktiv und gründlich mit religiösen und theologischen Fragen auseinandergesetzt. Des Zusammenhanges wegen sollen zu dieser Seite von Newtons Persönlichkeit und Tätigkeit noch einige Bemerkungen angefügt werden.

Seine Zeitgenossen erkannten auch hier sehr wohl die Bedeutung von Newton; so urteilt der englische Philosoph John Locke, den Newton in theologischen Fragen sogar beraten hatte:

Newton ist wirklich ein bemerkenswerter Gelehrter, und zwar nicht nur dank seiner erstaunlichen Leistungen in der Mathematik, sondern auch in der Theologie und durch seine Kenntnisse in der Heiligen Schrift, worin sich kaum einer mit ihm messen kann.

Ein Biograph Newtons, L. T. More, konnte durch Aufbereitung des Nachlasses zeigen, daß Newton aber bei aller Bindung an die Tradition keineswegs der engstirnige, unkritisch Gläubige gewesen ist, als den ihn das 18. und 19. Jahrhundert hingestellt haben. Beispielsweise fand sich im Nachlaß eine Bemerkung zur Charakterisierung des „Wunders", die eigentlich recht freidenkerisch ist und nahezu im Widerspruch zu seiner offiziellen Haltung steht. Immerhin wird in dieser Äußerung die Grundfrage des Verhältnisses von Naturgesetzlichkeit und der naturphilosophischen Wirkungsweise Gottes berührt:

Die Wunder werden nicht deswegen so genannt, weil sie von Gott getan werden, sondern deswegen, weil sie sich selten ereignen und darum verwunderlich erscheinen. Wenn sie sich ständig nach bestimmten Gesetzen der Natur vollzögen, würden sie aufhören, verwunderlich und wunderbar zu erscheinen und könnten in der Philosophie als ein Teil der Naturerscheinungen (in Anbetracht dessen, daß sie die Folge der Naturgesetze sind, welche der Natur durch die Kraft Gottes auferlegt wurden) angesehen werden, obgleich uns ihre Natur dennoch unbekannt bliebe.

Überhaupt muß man sich das Verhältnis von Newton zu Religion und Theologie als eine in sich konsequente, dennoch recht merkwürdige Mischung von Glauben, Vernunft und kritischer Distanz vorstellen. Ein Beispiel möge das verdeutlichen.

Innerhalb der Kirchengeschichte gab es einen alten Streit, ob Christus von gotthafter Natur oder (das höchste) Geschöpf Gottes sei.

Auf dem Kirchenkonzil von Nikaia im Jahre 325 hatte sich die von Athanasius vertretene Meinung von der Göttlichkeit Christi durchsetzen können und war zum Glaubensdogma erhoben worden. Dagegen wurde die gegenteilige Meinung des Arius als ketzerisch verworfen. Dieser alte Streit flammte zu Newtons Zeiten im Zusammenhang mit den Auseinandersetzungen zwischen Katholiken und Protestanten wieder auf; die Protestanten schlossen sich im allgemeinen der Auffassung der Arianer an. Auch in dieser theologischen Verbrämung wurde der politische Machtkampf zwischen den Anhängern der um die Wiedereinsetzung eines katholischen Königtums Kämpfenden und den Protestanten und Republikanern ausgetragen.

Newton hat sich – wovon noch zu reden sein wird – in seinem Wirkungsbereich standhaft allen Versuchen der Rekatholisierung widersetzt. Unter diesen äußeren Umständen spricht es nur für Newtons Konsequenz, daß er, wie More nachgewiesen hat, die Gottesgleichheit Christi abgelehnt hat, also Arianer war.

Ende der 90er Jahre hat er sich besonders intensiv mit theologischen Studien befaßt und darüber sogar publiziert. Eine kurze Abhandlung „Two Notable Corruptions of Scripture" (Zwei bemerkenswerte Verfälschungen der Heiligen Schrift) bestritt u. a. das Dogma von der Dreieinigkeit Gottes, des Sohnes und des Heiligen Geistes, stellte sich also als eine arianische Schrift dar. In einer weiteren Schrift, „Observations upon the Prophecies of Daniel and the Apocalypse of St. John" (Bemerkungen zu den Prophezeiungen von Daniel und der Apokalypse des Johannes), wendet sich Newton, allerdings in symbolisierender Form, gegen das Mönchwesen und gegen das Unwesen der Verehrung von Heiligen.

In einer weiteren Schrift Newtons zu theologisch-biblischer Thematik werden wir Zeuge, wie er auch auf diese Gegenstände wissenschaftliche Denkweisen anzuwenden suchte. Er sah und erkannte natürlich, wie viele seiner Zeitgenossen, daß die in der Bibel gemachten Zeitangaben mit dem Fortschritt der Wissenschaften – Geologie, Astronomie, Geschichte, Sprachwissenschaften – und den dort gegebenen Datierungen zunehmend in Widerspruch gerieten. Wie war beispielsweise die recht kurze biblische „Geschichte" mit der viele Jahrtausende umfassenden und nachweisbaren Geschichte des Altertums zu vereinbaren? Newton unternahm den – vergeblichen – Versuch, beide „Zeitskalen" zur Deckung zu bringen und somit neuerlich die erschütterte Autorität zu stärken.

Newton hat nahezu vier Jahrzehnte an diesem Thema gearbeitet, das ihn zu umfangreichen und aufwendigen Spezialstudien auf nahezu allen damaligen Wissensgebieten nötigte und ihn, mit dem Fortschreiten der Wissenschaften, ständig zur Korrektur des bereits schriftlich Fixierten zwang. Auch erregte er damit bei Hofe beträchtliches Aufsehen. Erst gegen Ende seines Lebens kam es zur Drucklegung von Teilergebnissen zur Chronologie. Eine zusammenfassende, ausführliche „Chronology" erschien 1728, nach seinem Tode, unter dem ausführlichen (übersetzten) Titel: „Verbesserte Chronologie der alten Königreiche nebst einer vorangeschickten kurz gefaßten Chronik von den Uranfängen des Geschehens in Europa bis zur Eroberung Persiens durch Alexander den Großen".

Dies und manches andere, auf das hier aus Platzmangel nicht eingegangen werden kann, mag uns heute erstaunlich und befremdlich erscheinen. Aber es erweist sich eben, daß Newton auch in diesem Bereich des gesellschaftlichen Lebens aktiv handelnd und sowohl kritisch als auch traditionsgebunden denkend im Schnittpunkt verschiedener Interessen stand. Überdies zeigen seine theologischen Schriften, daß er diese Gegenstände außerordentlich kenntnisreich und sogar – in methodischer Hinsicht – auf naturwissenschaftliche Weise behandelt hat. Freilich wissen wir heute, daß sich derartige Fragestellungen ihres Inhaltes wegen einer naturwissenschaftlichen Behandlungsweise entziehen müssen.

Newton in Cambridge

> Die Naturphilosophie ist eine so unverschämt streitsüchtige
> Dame, daß es für einen Mann dasselbe ist, in Prozesse ver-
> wickelt zu sein, wie mit ihr zu tun zu haben. Es ging mir
> mit ihr schon früher so, und nun, kaum daß ich ihr wieder
> nahe gekommen bin, läßt sie es mich wieder fühlen.
>
> Isaac Newton, 1688

Vom Beginn seiner Studien bis zum Jahre 1696 lebte Newton in
Cambridge, wenn man von gelegentlichen Reisen absieht, die ihn
in seine Heimat insbesondere und nach London an die Royal Society führten.

In diesen dreieinhalb Jahrzehnten stieg Newton vom unbemittelten
Studenten zum weltberühmten Wissenschaftler auf. Aus dem Sohn
des Volkes wurde eine einflußreiche Persönlichkeit, die den Kontakt zur „großen Welt" des Adels und der Politiker gesucht und
bereits gefunden hatte; was sich in Cambridge angebahnt hatte,
sollte später in London weitergeführt werden.

In der Cambridger Zeit führte Newton einen außerordentlich viel-
fältigen Briefwechsel mit in- und ausländischen Wissenschaftlern,
darunter mit Leibniz. Auch Dichter und Philosophen, wie John
Locke und seine persönlichen Freunde, empfingen Briefe in Fülle.
Und nicht zuletzt absorbierte die wissenschaftliche Korrespondenz
mit der Royal Society einen bedeutenden Teil der Arbeitszeit von
Newton.

Die großen Ereignisse der Innen- und Außenpolitik Englands
wirkten ebenfalls auf Newton zurück, so die Machtverhältnisse in
der restaurierten Monarchie, der Regierungswechsel von Karl II.
zu Jakob II. ebenso wie der Versuch der Rekatholisierung Englands, die Seekriege mit den Niederlanden ebenso wie die sogenannte „glorious revolution" von 1688 mit dem Regierungsantritt
des niederländischen Prinzen Wilhelm von Oranien als englischer
König und die Wirtschafts- und Finanzkrise Englands vom Ende
des 17. Jahrhunderts.

In diesen dreieinhalb Jahrzehnten schuf Newton herausragende
wissenschaftliche Meisterwerke, die für immer Marksteine in der
Entwicklungsgeschichte der Naturwissenschaften darstellen werden. Das obenstehende Zitat zeigt aber auch, daß die Cambridger
Zeit manches Unerquickliche für ihn bereithielt, beispielsweise den

Streit mit Hooke über die Prioritäten in der Lichttheorie und bei der Gravitation. Es kam so weit, daß Newton seinen Bekannten mitteilte, er werde sich ganz von der Naturwissenschaft zurückziehen und nie wieder darüber publizieren. Zum Glück aber besaß er Freunde, die ihm immer wieder Anstöße zukommen ließen. So blieb Newton der Sache der Naturwissenschaften verpflichtet und fuhr fort zu arbeiten. Zur Publikation allerdings bedurfte es noch weiterer Überredungskünste: Vieles Bedeutsame gelangte erst während des letzten Lebensabschnittes von Newton zum Druck, als er in London lebte.

Dreieinhalb Jahrzehnte sind eine lange Zeit. Es ist daher nicht erstaunlich, daß uns viele Berichte – authentische und anekdotenhaft klingende – über Newtons Aufenthalt in Cambridge vorliegen, die von frühen und neueren Biographen überliefert worden sind. Besonders ausführlich und informativ sind die von More gemachten Angaben, die auf gründlichen Studien der erhaltenen Unterlagen beruhen. Einiges davon wirft ein besonders deutliches Licht auf Newton und seine Lebensumstände in Cambridge.

Mit dem Jahre 1670 hatte Newton die Vorlesungstätigkeit als Inhaber des Lucas-Lehrstuhls aufgenommen. Die Mitglieder des Trinity College führten im allgemeinen ein geruhsames komfortables Leben; unter ihnen lebte Newton in relativer Zurückgezogenheit. Sein Interesse galt weniger den Verwaltungsproblemen und den inneren Machtkämpfen des College, sondern in der Hauptsache, wenigstens bis an das Ende der 80er Jahre, der wissenschaftlichen Arbeit. Eine vorzügliche Bibliothek in dem 1671 von Christopher Wren neu errichteten Gebäude, einem architektonischen Meisterwerk, vergrößerte die wissenschaftlichen Möglichkeiten im Trinity College. Wie viele seiner Kollegen steuerte auch Newton des öfteren mit Bücherspenden zum Ausbau der Bibliotheksbestände bei, obwohl seine Einkünfte in Cambridge zwar recht gut, aber nicht überwältigend waren. Sie betrugen für alle seine Ämter während der Cambridger Zeit schätzungsweise reichlich 200 Pfund im Jahr.

Auch Newton wurde von der Royal Society – wie fast alle ihre Mitglieder – jahrelang um die Mitgliedsbeiträge gemahnt. Später gestand er einem Freund, die Beiträge seien nur ein Vorwand gewesen, um sich aus der Royal Society zurückziehen zu können; in Wahrheit sei es ihm auf Grund des Ärgers mit Hooke und anderen ihrer Mitglieder darum gegangen, nicht den ständigen Bitten um Publikation seiner wissenschaftlichen Ergebnisse ausgesetzt zu sein.

Im letzten Amtsjahr des englischen Königs Karl II., 1685, erhielt er nach einer Bitte um seine Entlassung während der Arbeit an den „Principia" einen Assistenten oder Gehilfen, einen gewissen Humphrey Newton aus Grantham. Die Namensgleichheit ist zufällig. Humphrey Newton blieb bei ihm bis 1690, also bis gegen Ende der Cambridger Zeit. Auch von Humphrey Newton wurden einige interessante Einzelheiten aus dem persönlichen Lebens Newtons der Nachwelt überliefert, darunter der oben zitierte Brief über sein Verhalten während der Niederschrift der „Principia".

In der ersten Zeit wohnte Newton, gemäß der Sitte der Zeit, im Cambridger Trinity College mit Kollegen zusammen; einige von ihnen hielten auch später Verbindung zu ihm und lieferten Nachrichten über seine Lebensumstände.

Neben seinen Wohnräumen hatte sich Newton ein Laboratorium eingerichtet. Von dort führte eine Treppe in einen kleinen Garten, den er zum Nachdenken während des Auf- und Abspazierens nutzte sowie zur Aufstellung seiner Schmelzöfen für chemische und metallurgische Experimente. Den Garten selbst besorgte ein Gärtner. Andererseits war Newton, der vom Lande stammte, mit landwirtschaftlichen Angelegenheiten wohl vertraut. So spielt in seinem Briefwechsel beispielsweise die Suche nach solchen Sorten von Äpfeln eine große Rolle, die unter den klimatisch-geographischen Bedingungen von Cambridge und Umgebung einen besonders schmackhaften und bekömmlichen Apfelwein liefern.

Newton blieb unverheiratet, und so führte ihm im Alter eine Nichte, Catherine Barton, den Haushalt. Abgesehen von der Jugendliebe zu Miss Storey haben, nach Berichten und persönlichen Aufzeichnungen zu urteilen, Frauen keine besondere Rolle in seinem Leben gespielt. Newton, der mit ausdrücklicher Sondergenehmigung des Königs im College bleiben durfte, ohne Geistlicher werden zu müssen, hätte nach Meinung seiner Freunde eine Ehe schließen sollen. Es gibt immerhin eine Überlieferung, mehr oder weniger verbürgt, wonach man ihn dazu gebracht habe, die Gesellschaft einer jungen Dame aufzusuchen. Während des Gesprächs mit ihr, das ihm wohl nicht anregend genug erschien, beging Newton aus Gedankenlosigkeit einen Fehler, der die Heiratspläne endgültig zum Scheitern brachte. Statt die Hand der jungen Dame zum Kuß an seine Lippen zu führen, benutzte er ihren kleinen Finger, um seine brennende Pfeife nachzustopfen!

Anekdoten über die Zerstreutheit Newtons sind zahlreich und wohl zum großen Teil mehr oder weniger absichtlich erfunden, da nach merkwürdiger, schon damals gültiger Tradition Gelehrte desto bedeutender erschienen, je zerstreuter sie in Dingen des gewöhnlichen Lebens handeln. Eine besonders hübsche, aber mit Bestimmtheit falsche Legende behauptet, Newton habe Hunde und Katzen gehalten. Die Katze schlüpfte durch ein Türloch in den Garten. Als nun die Katzenmama drei junge Kätzchen ausführen konnte, ließ er angeblich drei weitere Löcher in die Türe sägen.

Über den Charakter von Newton gibt es von Freunden, Bekannten, Kollegen und Verwandten Nachrichten; sie stimmen in allen wesentlichen Punkten überein.

Newton war überaus schweigsam und hat nur ganz selten gelacht. Er war sehr freigiebig zu Notleidenden und zu armen Verwandten; bei seinem Tode hinterließ er ein ziemliches Vermögen.

In seiner wissenschaftlichen Arbeit war er außerordentlich konsequent, fleißig, selbstdiszipliniert und beharrlich, wobei er abstrakt-theoretischen Scharfsinn mit experimenteller Geschicklichkeit glücklich verbinden konnte.

Er war aufrichtig und redlich, wurde jedoch zornig, eifersüchtig und ungerecht, wenn er sich in seinen Prioritätsansprüchen bei wissenschaftlichen Ideen – zu Recht oder Unrecht – angegriffen fühlte. Gerade dieser unangenehme Charakterzug verstärkte sich, nachdem Newton in den Jahren 1692/95 eine schwere Gemütskrankheit überstanden hatte, so daß er in seinem letzten Lebensdrittel ein wenig die zweifelhafte Rolle eines Wissenschaftspapstes spielte.

Auch seinen Freunden gegenüber ist Newton verhältnismäßig kühl geblieben. Eigentlich war er nicht imstande, überschäumende Herzlichkeit zu entwickeln, obwohl er zweifellos tiefe und echte Dankbarkeit für Hilfe und Unterstützung empfand.

Unglücklicherweise verlor Newton fast um dieselbe Zeit drei seiner engeren Freunde: Isaac Barrow, seinen Lehrer, Henry (Heinrich) Oldenburg, den Sekretär der Royal Society, und John Collins, einen begabten Mathematiker, der Newton u. a. mit ausländischer Literatur versorgt und Oldenburg als Berater in mathema-

10 Edmond Halley

tischen Fragen gedient hatte. Barrow starb 1677, und die ganze wissenschaftliche Welt Englands war tief erschüttert über seinen Tod. Oldenburg, der aus Deutschland stammte, hatte zwischen der Royal Society und ihren in- und ausländischen Korrespondenten die außerordentlich nützliche Funktion des Mittlers und Vermittlers ausgefüllt, auch als ausgleichender Charakter in jener Zeit temperamentvoll geführter wissenschaftlicher Streitigkeiten gewirkt. Es ist sogar gelegentlich in Frage gestellt worden, ob es bei Lebzeiten von Oldenburg überhaupt zum Prioritätsstreit zwischen Newton und Leibniz gekommen wäre.

In Edmond Halley fand Newton, zumal in der Periode der Vorbereitung und Niederschrift der „Principia", einen anderen jungen begabten Wissenschaftler, mit dem er wechselseitig fruchtbaren Kontakt finden und aufrechterhalten konnte.

Zwiespältig entwickelte sich dagegen das Verhältnis zu John Flamsteed, dem ersten „Königlichen Astronomen" des 1675 in Greenwich bei London gegründeten „Königlichen Observatoriums". Flamsteed, als Astronom ein Autodidakt, zeichnete sich durch hervorragend genaue und systematisch geführte Beobachtungen der Mondauf- und Untergänge sowie der Fixsternpositionen aus, die er in Greenwich mit Instrumenten angestellt hatte, für die er große Teile seines Einkommens opferte.

Die Bekanntschaft zwischen Newton und Flamsteed begann bereits 1670; später gingen Beobachtungsergebnisse von Flamsteed, theoretisch verarbeitet, in Newtons „Principia" ein. Der Grund späterer Zerwürfnisse und Streitigkeiten wurde während einer Korrespondenz gelegt, die 1680 begann und sich damit befaßte, ob die Kometenerscheinung dieses Jahres ein Komet oder, wie Newton irrtümlich behauptete, zwei Kometen seien. Wohl vermochte sich Newton auch offiziell zu korrigieren und sich Flamsteed anzuschließen. Aber nach seiner Gemütserkrankung benahm er sich ausgesprochen hochmütig zu dem „bloß" beobachtenden Flamsteed; dieser hatte wirklichen Grund, sich – in einem Brief an Newton – zu beschweren:

Ich gebe zu, daß der Draht mehr wert ist als das Gold, aus dem er gefertigt wurde. Ich habe aber dieses Gold gesammelt, gereinigt und gewaschen, und ich will nicht hoffen, daß Sie meine Mithilfe darum gering schätzen, weil Sie sie so leicht erhalten können.

Zwar wurde Flamsteeds Fixsternkatalog „Historia coelestis" auf Empfehlung Newtons zum Druck gebracht, aber wenig später kam es während des Druckvorganges zu Mißhelligkeiten, und Newton erhielt sogar das Aufsichtsrecht über das von Flamsteed geleitete Observatorium in Greenwich. Die Geschichte der Beziehungen zwischen beiden endete nach einer letzten Phase von Streit und Verdächtigungen mit dem Tode von Flamsteed.

Zwei andere, während der Cambridger Zeit geschlossene Bekanntschaften sollten sich für Newton weitaus glücklicher entwickeln. Da ist zunächst die Zusammenarbeit mit dem schottischen Mathematiker James Gregory. Er und Newton hatten sich über ihre originären Rechte beim Spiegelteleskop – Gregorys Priorität des Gedankens, Newtons Priorität der Ausführung – verständigt und blieben voller gegenseitiger Achtung über ihre mathematischen Leistungen, auch wenn Newton im vorgerückten Alter manche Verdienste von Gregory nicht wahrhaben wollte.

Von der größten Tragweite sollte sich die Begegnung und Freundschaft mit Charles Montague, dem vierten Sohn eines Grafen von

11 John Flamsteed

Manchester, erweisen. Im Jahre 1679 wurde der junge, vielseitig begabte Montague am Trinity College immatrikuliert. Montague fing an, Newtons wissenschaftliche Leistung zu bewundern, und zwischen ihnen beiden entwickelte sich, trotz des beträchtlichen Altersabstandes, eine lebenslange Freundschaft. Montague machte später eine glänzende politische Karriere und erlangte großen Einfluß bei Hofe. Durch ihn erfuhr schließlich das Leben Newtons eine gänzliche Umgestaltung; Montague vermittelte die Berufung Newtons an die Münze und leitete damit dessen endgültige Übersiedlung nach London ein.

Eine schwere Zeit durchlebte Newton zu Anfang der 90er Jahre. Trotz aller Vertuschungsversuche seiner Freunde und engeren Bekannten ist es deutlich, daß er an einer ernsten Gemütskrankheit litt und von chronischer Appetitlosigkeit, von Schlaflosigkeit, von Depressionen und Anfällen von Verfolgungswahn geplagt war. Während er zugleich völlig normal und deutlich über wissenschaftliche Problematik zu schreiben imstande war, gibt es andere und merkwürdige Briefe. Beispielsweise glaubte er an eine gegen ihn

106

gerichtete Verschwörung, ja er beschuldigte John Locke, dieser wolle ihn mit Frauenzimmern verführen.

Bei Newtons Erkrankung haben viele auslösende Faktoren mitgewirkt, in erster Linie wohl die psychische Erschöpfung nach der Niederschrift der „Principia". Daneben spielten auch seine Sorgen um eine finanzielle Besserstellung, die Streitigkeiten mit einigen seiner Kollegen, aber zugleich die gerade zu dieser Zeit unternommenen Anstrengungen mit, sich in religiöse und mystische Gedankensphären hineinzudenken. Mitte der neunziger Jahre klangen die Krankheitserscheinungen nach und nach ab; es scheinen sich lediglich die Charakterzüge von Starrköpfigkeit und Rechthaberei verstärkt zu haben.

Während Newton mit der größten geistigen Konzentration an den „Principia" arbeitete, reifte in England eine innenpolitische Krise heran. Mit der Machtübernahme durch König Karl II. aus dem Hause der Stuarts war 1660 in England die Monarchie restauriert worden. Karl II. starb 1685. Nachfolger wurde sein Bruder Jakob II., ein überzeugter Katholik, dessen erklärter Wille es war, England in den Schoß der römisch-katholischen Kirche zurückzuführen. Innenpolitische Unruhe war die Folge. Die Mehrzahl der Engländer widersetzte sich den Maßnahmen des Königs, den Katholizismus wieder einzuführen, obgleich dies bei der Grausamkeit von Jakob II. eine lebensgefährliche Haltung war.

Die Universitäten, die die Juristen und die Geistlichen der anglikanischen reformierten Kirche ausbildeten, waren naturgemäß Hochburgen des Widerstandes gegen Jakob II.; auf sie richtete sich daher gezielt die Politik der Rekatholisierung. Bei dem hohen Grad der Selbstverwaltung der Universitäten versuchte Jakob die Politik der Unterwanderung mit Katholiken. In Cambridge sollte im Februar 1687 durch königliches Edikt ein Benediktiner-Mönch namens Alban Francis in den Lehrkörper der Universität hineingebracht werden. Die Universitätsleitung verweigerte die Zustimmung, obwohl der Druck des Königs ständig zunahm. Die Alban-Affäre wuchs sich aus; die Universität stand im Begriff zu kapitulieren.

Newton gehörte einer neunköpfigen Kommission an, die mit Eingaben und einem Bittgesuch in London am königlichen Hofe der beginnenden Rekatholisierung begegnen sollte. Nun haben neuere Forschungen erwiesen, daß Newton in der entscheidenden Sitzung

12 Das Flamsteed-Observatorium in Greenwich

Freilich war seine Rolle als Abgeordneter bescheiden. Er war kein guter Redner und überhaupt zum öffentlichen Reden nicht aufgelegt; eine etwas sarkastische Legende berichtet, Newton habe im Parlament nur einmal das Wort ergriffen, mit der Bitte nämlich an den Saaldiener, das Fenster zu schließen.

einen faulen Kompromiß durch seine Standhaftigkeit verhindert
hat und demzufolge Jakob II. bei diesem Vorstoß scheiterte. Mehr
noch: Es war nicht lediglich die starke Bindung an seine eigene
Kirche und die Abneigung gegen den Katholizismus, die Newton
zu diesem außergewöhnlichen Mut befähigte, sondern zugleich
eine politisch-progressive Einstellung zu den Rechten und Pflichten des Königs. In einem Brief, den More aufgefunden hat, drückt
sich Newton im Zusammenhang mit der Alban-Affäre so aus:

Denn alle ehrenwerten Menschen sind durch die Gebote Gottes und der Menschen verpflichtet, den den Gesetzen entsprechenden Befehlen des Königs
zu gehorchen; wenn aber seiner Majestät geraten worden wäre eine Sache
zu verlangen, die nicht rechtmäßig getan werden kann, so darf kein Mensch
darunter leiden, daß er dies ablehnt.

Im Juni 1688 wurde dem König ein Thronfolger geboren; damit
zerschlugen sich alle Hoffnungen der Protestanten, daß die Herrschaft eines katholischen Königs nur eine vorübergehende Episode
darstellen würde. Daraufhin sandte die englische Hocharistokratie
eine Aufforderung an den niederländischen Prinzen Wilhelm von
Oranien, der mit der Tochter Mary von Jakob II. verheiratet war,
sich der protestantischen Sache anzunehmen. Wilhelm folgte der
Aufforderung und vertrieb Jakob II. mit militärischer Gewalt aus
England. Im Jahre 1689 wurden er und seine Frau zum König
Wilhelm III. bzw. zur Königin Maria II. gekrönt.
Dies ist die äußere Geschichte der sogenannten „glorious revolution", die, ohne Beteiligung der Volksmassen und ohne Veränderung der Produktionsverhältnisse, die Macht dem anglikanisch
orientierten Teil des Königshauses der Stuarts zuspielte. Freilich
war es der Übergang von der absoluten zur konstitutionellen Monarchie, die der englischen Bourgeoisie bessere Entfaltungsmög-
lichkeiten einräumte.
Während Wilhelm III. Krieg in Irland und Schottland führte, re-
gierte Maria II. im Inneren des Landes, gestützt auf das sogenannte Convention Parliament. Newton verdankte es zweifellos
seiner Haltung in der Alban-Affäre, daß er als einer der beiden
Vertreter der Universität von Cambridge ins Parlament einzog;
mehr als ein Jahr, vom Januar 1689 bis zur Auflösung des Convention Parliament im Februar 1690, nahm er einen der höchst ehren-
vollen Sitze im „House of Commons" ein und wohnte in London.

Diese Londoner Zeit hat Newton zweifellos benutzt, um bei früheren London-Aufenthalten aufgenommene Kontakte zu Gelehrten und Freunden weiterzuführen. Beispielsweise geben Unterlagen der Royal Society ziemlich sichere Nachricht, wann er Sitzungen der Royal Society besucht und Experimenten beigewohnt hat. So hatte er 1678 mehrfach Robert Boyle getroffen und mit ihm über den Inhalt der Gasgesetze und deren Tragweite für die Korpuskularmechanik debattiert. Während eines anderen Londoner Aufenthalts, Frühsommer 1682, erfuhr Newton vermutlich auf einer Sitzung der Royal Society die genauen Daten, die die französische Expedition unter Jean Picard im Jahre 1665 in Peru erzielt hatte, insbesondere jene Unterlagen über die Länge eines Erdmeridians, die Newton bald darauf bei der Ausarbeitung der allgemeinen Gravitationstheorie dringend benötigen sollte.

Darüber hinaus zeigen die erhalten gebliebenen Dokumente, insbesondere die Briefe an Freunde und Bekannte, daß Newton bereits in den späten 80er Jahren deutlich nach Möglichkeiten zu suchen begann, wie er sein Leben als Wissenschaftler in Cambridge beenden und statt dessen in einer offiziellen Tätigkeit nach London gelangen könnte. Auch hier schufen die während seiner Parlamentstätigkeit geknüpften Beziehungen Raum für spätere Möglichkeiten. Noch vor der Jahrhundertwende sollte sich sein Wunsch erfüllen.

Newton in London. Lebensende

Die Royal Society wurde sein [Newtons] Parlament, in dem
Seiner Majestät allergetreuste Opposition sich kaum jemals
offen zu zeigen wagte, und die talentvollsten jüngeren Physiker und Mathematiker seines Landes formten sich zu einem
Generalstab, der an seiner Stelle die Schlachten schlug und
dieselben so geschickt führte, daß der oberste Kriegsherr, vor
persönlichen Niederlagen geschützt, in voller Sicherheit dem
Kampf fast wie ein Unbeteiligter zuschauend, sich im geheimen Kriegsrat mit Andeutungen seiner Gedanken und Hinweise auf seine veröffentlichten Werke begnügen konnte.

Ferdinand Rosenberger

Man darf sich Newton – trotz der über ihn in Umlauf gesetzten
Gerüchte – keinesfalls als zerstreut, lebensuntüchtig oder gar welt-
fremd vorstellen. Ganz im Gegenteil: Er besaß ein sehr klares
Urteil auch in politischen Fragen, wußte seine Interessen zielbe-
wußt wahrzunehmen und verfügte vor allem über ein hohes orga-
nisatorisches Geschick. Sein Aufenthalt in London gab ihm Gele-
genheiten genug, dies Talent zu erweisen, insbesondere bei der
Tätigkeit für die Münze und als Präsident der Royal Society.
Ganz plötzlich und radikal veränderten sich im Jahre 1696 die
Lebensweise und die Lebensumstände für Newton. Aus dem in
relativer Ruhe und Zurückgezogenheit in Cambridge lebenden Gelehrten wurde ein in der Londoner Öffentlichkeit wirkender Organisator, der zudem in immer engere Bindungen an den englischen
Hof geriet. Diese Wendung der Dinge war allerdings von längerer
Hand, wenn auch hinter den Kulissen, vorbereitet worden und
entsprach ganz den Interessen von ihm selbst.
Im Frühling 1696 erhielt Newton den folgenden, vom 19. März
datierten Brief:

Sir,
ich freue mich sehr, daß ich Ihnen endlich einen guten Beweis meiner Freundschaft geben kann und der hohen Wertschätzung, die der König von Ihren
Verdiensten hat. Mr. Overton, der Aufseher der Münze, ist zu einem der
Kommissionäre des Zolls gemacht worden und der König hat mir versprochen, Mr. Newton zum Aufseher der Münze zu machen. Das Amt ist höchst
geeignet für Sie ... Es ist fünf oder sechs hundert Pfund pro Jahr wert und
hat nicht so viel Aufgaben, um mehr Aufwand zu erfordern, als Sie auf-
bringen können ...

Der Brief stammte von Charles Montague, dem späteren Earl of Halifax, der seit seiner Studienzeit in Cambridge mit Newton freundschaftlich verbunden geblieben war.

Montague hatte eine glänzende politische Karriere gemacht und war in den 90er Jahren zu großem Einfluß auf die Regierungsgeschäfte und beim König selbst gelangt. Schließlich übte er die Funktion des Finanzministers aus.

Das englische Währungssystem war um diese Zeit vollständig zerrüttet. Die Kriegsausgaben hatten zur Inflation geführt, selbst die Grundnahrungsmittel wurden unerschwinglich teuer. Die Menschen „beschnitten" die Edelmetallmünzen und hielten die Münzen mit dem vollen Gewicht zurück; der Umlauf an Bargeld war empfindlich gestört.

Es bedurfte eines Finanzgenies wie Montague, um England aus der Finanz- und Wirtschaftskrise herauszuführen. Montague schuf ein modernes Finanzsystem mit Staatsanleihen und Schuldverschreibungen und gründete die Bank von England. Um allen Schwierigkeiten zu entgehen, beschloß er, alle im Verkehr befindlichen Münzen einzuziehen und sie durch neue Münzen zu ersetzen, die durch neue Prägetechnik das Beschneiden unmöglich machen sollten. Der Erfolg dieses gewagten Unternehmens hing von der Schnelligkeit ab. Montague setzte auf die organisatorischen Fähigkeiten Newtons bei der Bewältigung der gewaltigen Umprägungsaktion und veranlaßte die Berufung Newtons zum „Aufseher der Münze" (Warden of the Mint).

Newton trat sein Amt im März 1696 an. Er übersiedelte nach London und nahm, nachdem er einige Zeit auch bei Montague gewohnt hatte, endgültigen Wohnsitz in dem anspruchsvollen Stadtteil Westminster, in der Jermyn Street, nahe der St. James Kirche, Picadilly. Die gegenüber Cambridge weitaus besseren Einkommensverhältnisse gestatteten es ihm, sich in dieser vornehmen Gegend niederzulassen. Seine Nichte, Catherine Barton, die dem Haushalt vorstand, war eine berühmte Schönheit voller Charme und Witz; es kam zu einem von tiefer Zuneigung erfüllten Liebesverhältnis zwischen Catherine und Montague.

Im März 1696 waren organisatorische Maßnahmen zur Reorganisation der Finanzen bereits eingeleitet worden; Newton ging mit großer Energie und Zielstrebigkeit an deren Durchführung. Hinter den Gärten des Schatzamtes waren zehn Schmelzöfen aufgestellt.

Das aus den alten Münzen stammende eingeschmolzene Edelmetall wurde zum Tower gebracht, um dort neu geprägt zu werden; weitere Prägeanstalten wurden in zahlreichen anderen Orten eingerichtet. Es kam eine Periode im Frühsommer 1696, in der sich der Mangel an Kleingeld katastrophal auf das Wirtschaftsleben auszuwirken begann. Newton konzentrierte daher die Bemühungen auf die Erhöhung des Ausstoßes an neuen Münzen. Zusammen mit organisatorischen Weisungen von Montague gelang es, die Produktion in kurzer Zeit auf das Achtfache zu steigern, auf schließlich 120 000 Pfund (etwa 50 000 Kilogramm) an Silbergeld pro Woche! Trotzdem hielt der empfindliche Mangel an Münzen noch bis zum Frühjahr 1697 an.

Newtons angestrengte Arbeit an der Prägeaktion erforderte ständige operative Einsätze, insbesondere im Tower. Auch Verdächtigungen sah er sich ausgesetzt, daß er persönlich Edelmetall veruntreut habe oder Münzen mit einem zu niedrigen Edelmetallgehalt habe prägen lassen, alles natürlich haltlose Anwürfe, aber dazu bestimmt, ihn als prominenten Politiker der Whig-Partei zu verdrängen und durch einen Mann der Tories zu ersetzen. Dies, sowie die Tatsache, daß Newton auch Bestechungsversuche erlebte, zeigt zugleich, einen wie hohen politischen Stellenwert die von ihm ausgeübte Funktion besaß.

Die Umprägeaktion war 1699 beendet. Als Anerkennung wurde Newton der Titel „Master of the Mint" (Direktor der Münze) auf Lebenszeit verliehen, dies verbunden mit einer weiteren bedeutenden Erhöhung seiner Einkünfte. Allein aus der Tätigkeit für die Münze flossen ihm jährlich mehr als zweitausend Pfund zu, eine wirklich bedeutende Summe. Zum Vergleich muß man wissen, daß etwa die Errichtung des Grundstockes der Sternwarte in Greenwich, das sogenannte Flamsteed-House, nur wenig mehr als 500 Pfund gekostet hatte.

Eine Begebenheit noch ist berichtenswert. Im Februar 1698 besuchte der russische Zar Peter I., der zum Studium der gesellschaftlichen Verhältnisse, der kulturellen Errungenschaften, von Produktionsstätten und wissenschaftlichen Einrichtungen in Westeuropa weilte, auch England und nahm dabei die Gelegenheit wahr, mehrere Male die Geldprägeaktion im Tower zu besichtigen. Dabei kam es vermutlich zu einer persönlichen Begegnung zwischen Peter I. und Newton. Auch das Observatorium in Greenwich wurde vom Zaren aufgesucht.

Bei der angestrengten Tätigkeit in London war es für Newton praktisch ausgeschlossen, weiterhin den Lehrverpflichtungen in Cambridge nachzukommen. So verzichtete er Ende des Jahres 1701 auf die Professur in Cambridge und die Zugehörigkeit zum Trinity College; man geht nicht fehl in der Annahme, daß Newton auch dieser allerletzte Schritt der endgültigen Trennung von Cambridge nicht schwergefallen ist.

Zu Anfang des Jahrhunderts kam es für Newton zu einem zweiten kurzen parlamentarischen Intermezzo. Wiederum wurde er als Vertreter der Universität Cambridge ins Unterhaus gewählt; aber wiederum blieb er schweigsam. Vielleicht hing es damit zusammen, daß Newton bei der für 1705 angesetzten Neuwahl des Parlamentes von seinen Wählern im Stich gelassen wurde und durchfiel.

Inzwischen waren Newton weitgehende andere öffentliche Pflichten erwachsen; am 30. November 1703 wurde er zum Präsidenten der Royal Society gewählt.

Newton hatte schon von Cambridge aus Vorschläge an die Royal Society unterbreitet, die auf eine effektivere Gestaltung des wissenschaftlichen Lebens hinausliefen. Nun stand er an der Spitze der englischen Akademie, einer der führenden wissenschaftlichen Einrichtungen Europas, vielleicht zu dieser Zeit die bedeutendste Pflegestätte der modernen Naturwissenschaft.

Newton unternahm schon bald nach seiner Wahl energische Vorstöße, um der Royal Society eine neue, feste Heimstatt zu schaffen, nachdem das Gresham College bei militärischer Einquartierung demoliert worden war. Doch führte eine Petition an die Königin Anna erst nach wiederholten Vorstößen im Jahre 1710 zum Ziel, da die englischen Staatskassen wegen des spanischen Erbfolgekrieges erschöpft waren.

Im Januar 1704, demselben Jahr, in dem seine „Opticks" im Druck erschien, überreichte Newton der Royal Society ein besonders konstruiertes Brennglas und demonstrierte dessen erstaunliche Leistungsfähigkeit u. a. beim Schmelzen von Metallen.

In die ersten Jahre von Newtons Präsidentenschaft fällt auch die Errichtung einer Stiftung für den Fortschritt der Naturwissenschaften durch eines ihrer Mitglieder, durch Sir Godfrey Copley. Diese

Stiftung wurde, allerdings erst nach Newtons Tod, in die Gewohnheit einer Verleihung der „Copley-Medaille" umgewandelt, die höchste wissenschaftliche Auszeichnung, die die Royal Society zu vergeben hat und die noch heute einen besonders hohen Rang unter den Ehrungen einnimmt, die Wissenschaftlern zuteil werden können.

Das Jahr 1705 brachte für Newton die höchste Wertschätzung und die höchste äußere Ehrung durch die damalige Gesellschaft. Er wurde in Anerkennung seiner wissenschaftlichen Ergebnisse, vor allem aber auf Grund seiner Verdienste, die er sich in seiner Tätigkeit für die Münze um die britische Krone erworben hat, in den Adelsstand erhoben. Es ist dies, wie Nachforschungen ergeben haben, der allererste Fall einer solchen Ehrung für einen Naturwissenschaftler; erst rund ein Jahrhundert später wurde mit dem Chemiker Humphry Davy ein weiterer Naturforscher geadelt.

Der feierliche Festakt für Newton fand an seiner Heimatuniversität statt. Die Königin Anna reiste nach Cambridge, erhob Newton zum Sir Isaac und gab zum Abschluß des Tages ein großes Bankett, das alles zweifellos auch, um ihre eigene Position an der Cambridger Universität zu stärken. Immerhin war die konstitutionelle Monarchie auf die Unterstützung der Partei der Whigs angewiesen in ihrem innenpolitischen Kampf gegen die Tories, die die Erneuerung der absoluten Monarchie und der Herrschaft des Hochadels anstrebten.

Newtons Tätigkeit als Präsident der Royal Society ist in dieser komplizierten, spannungsreichen innenpolitischen Atmosphäre ganz gewiß nicht einfach gewesen; der Riß der politischen Meinungen ging auch quer durch die Mitgliedschaft der Royal Society. Newton war kein guter Redner, er war still und zurückhaltend. Aber zweifellos besaß er die Fähigkeit, die widerstreitenden Gemüter im Interesse der Wissenschaft zusammenzuführen. Wie er selbst auch kaum eine Sitzung der Society versäumte, so blieb es unter Newtons Präsidentschaft und dem Sekretär Dr. Hans Sloane bei gedeihlicher, stetiger wissenschaftlicher Arbeit. Und ebenso zweifellos genoß Newton das **Vertrauen** der Mitglieder der Royal Society. Von Jahr zu Jahr aufs neue wurde er wieder ins Amt des Präsidenten gewählt. Von 1703 bis zu seinem Tode 1727, also nahezu ein Vierteljahrhundert, übte er dieses höchste Amt an einer der bedeutendsten Pflegestätten der Wissenschaften aus.

Bei alledem war Newton auch weiterhin – bis 1725 – für die Münze tätig, wenn auch mit reduzierter Intensität gegenüber der Zeit der großen Prägeaktion. Und dennoch setzte er seine wissenschaftliche Tätigkeit fort. Die produktiven, schöpferischen Beiträge zur Wissenschaft freilich mußten sich während der Londoner Zeit in Grenzen halten, aus objektiven und subjektiven Gründen; immerhin hatte Newton schon reichlich sechs Jahrzehnte seines Lebens vollendet. Zu diesen originären Beiträgen gehört (1697) eine bemerkenswerte Lösung für ein von Johann Bernoulli gestelltes schwieriges mathematisches Problem ebenso wie (1701) eine zwar kurze, aber inhaltsreiche Schrift zur Wärmelehre „Tabula quantitatum et graduum caloris" (Tabelle der Mengen und Grade der Wärme), in der u. a. eine Art Gesetz über die Erkaltung warmer Körper formuliert wird.

Insgesamt aber waren es nicht neue Ergebnisse, die Newton veröffentlichte, sondern in der Hauptsache die Früchte seiner Cambridger Zeit: 1704 wurden die „Opticks" publiziert; im Anhang war die bereits 1676 fertiggestellte Klassifizierung der Kurven dritter Ordnung beigegeben. Im Jahre 1713 erfolgte eine revidierte zweite Ausgabe der „Principia", 1726 eine dritte. Die 1673/84 gehaltenen Vorlesungen zur Algebra erschienen, herausgegeben von W. Whiston 1707 im Druck als „Arithmetica universalis". Dazu kamen noch Newtons Schriften über Theologie und Chronologie. Besonders interessant, vor allem auch in inhaltlicher Hinsicht, ist die Geschichte der zweiten und dritten Ausgabe der „Principia".

Die erste Ausgabe der „Principia" war in relativ kurzer Zeit vergriffen, ungeachtet der Tatsache, daß ihr tiefer Inhalt nur sehr langsam gegen die vorherrschende Cartesische Naturphilosophie an Boden gewinnen konnte. Anfang des 18. Jahrhunderts drangen Newtons Freunde in ihn, eine zweite Auflage vorzubereiten. Er näherte sich bereits dem Ende seines siebenten Lebensjahrzehntes und sah voraus, daß er, zumal bei den anderen Belastungen, einen Helfer haben müsse, der ihn dabei unterstützen könnte.

Auf Empfehlung von Bentley wurde der junge, hochbegabte Mathematiker Roger Cotes gewonnen, der seit 1706 als Professor der Mathematik und Physik in Cambridge wirkte. Hatte Newton nur an eine oberflächliche Revision gedacht, so unterzog sich Cotes der weitaus umfangreicheren Aufgabe, Zeile für Zeile den Text der „Principia" nachzuprüfen und durchzurechnen. Dabei stellten sich

Fehler und Irrtümer Newtons bei den Anwendungen seiner Theorie auf konkrete Fälle heraus. Cotes suchte sie zu beheben, beging seinerseits Irrtümer und Ungenauigkeiten, die ihrerseits von Newton behoben wurden. Der zwischen Newton und Cotes geführte Briefwechsel hält alle diese mühsamen Arbeitsschritte fest; er ist zugleich eine Art Dokument für einen besonders frühen Fall kollektiver Arbeit in der Geschichte der Wissenschaften.

Fast gegen seinen Willen wurde Newton so zu einer vollständigen Textrevision gezwungen; die „Principia" erreichten durch die jahrelange unermüdliche, äußerst gewissenhafte und einfallsreiche produktive Arbeit von Cotes eine neue Qualität. Erst im Jahre 1713 konnte die neue Ausgabe erscheinen.

Auf Newton selbst geht der Vorschlag zurück, Cotes solle für die zweite Auflage ein neues Vorwort schreiben; Cotes tat es mit großer Begeisterung und unter kämpferischer Parteinahme für Newton gegen Descartes und die Wirbeltheorie sowie gegen die Theorie der Monaden von Leibniz, wie überhaupt gegenüber der ersten Auflage eine Art Umverteilung der günstigen bzw. ungünstigen Urteile über Newtons Vorläufer und Mitstreiter auf dem Wege zur Gravitationstheorie und zur mathematischen Physik stattfand.

Auf dieses Vorwort von Cotes geht auch eine einschneidende Inhaltsverschiebung des Wesens der Lehre von der allgemeinen Gravitation zurück. Newton hatte sich bei der Gravitation und ihren Ursachen vorsichtigerweise aller Hypothesen enthalten, aber tiefere, dahinterliegende Ursachen nicht von vornherein ausgeschlossen, sondern sie zeitweise sogar im Äther und seinen Eigenschaften erblickt. Cotes jedoch hebt die Fernwirkung, die actio in distans, als universelle Eigenschaft aller schweren Materie hervor. Sie könne nicht weiter erforscht werden, ja, es dürfe auch nicht weiter danach gefragt werden, weil die Schwere als einfachste Ursache aller Naturerscheinungen das Werk Gottes sei. Es sei also geradezu irreligiös, ja sogar atheistisch, nach den Ursachen der Schwere und der Gravitation zu forschen.

Diese Prinzipien [wie sie in den „Principia" fixiert werden] werden aber deshalb nicht weniger zuverlässig sein, weil sie vielleicht einigen Menschen weniger willkommen sind. Für diese werden sie Wunder und verborgene Eigenschaften sein, an denen sie keinen Gefallen finden; allein die boshafter

Weise beigelegten Namen darf man nicht aus Versehen auf die Dinge übertragen; wenn man nicht zuletzt erklären will, daß die Naturlehre sich auf Atheismus gründen müsse.

Zwar schlossen sich die Naturforscher des 18. Jahrhunderts nicht der extremen Haltung von Cotes an, wonach die Ergründung der „causa gravitatis" Atheismus sei, aber doch wurde hier der Grund gelegt für die philosophiefeindliche Haltung der Naturforschung des 18. und 19. Jahrhunderts, die Friedrich Engels mit Recht mehrfach als eines der ideologischen Haupthemmnisse für den Fortschritt der Naturwissenschaften in der nachnewtonschen Periode bezeichnet hat.

Merkwürdigerweise scheint Newton die Ansichten von Cotes weder öffentlich dementiert noch bekräftigt zu haben; indirekt hat damit Newton selbst einer neuartigen Interpretation seines Hauptwerkes Vorschub geleistet, die das historische Bild über ihn noch weit bis in die Zukunft, ja bis in unsere Gegenwart, bestimmen sollte.

Mit Recht bemerkt daher Ferdinand Rosenberger, ein Historiker der Physik vom Ende des 19. Jahrhunderts:

Auf diese Weise ist Newton passiv durch seine Anhänger der Gründer der Emissionstheorie des Lichts und der actio in distans geworden, obgleich er in seinen Werken die ausschließliche Entscheidung für diese Lehren verweigert hatte.

Überraschend kam der frühe Tod von Cotes (1716). Für die dritte, noch zu Lebzeiten von Newton veranstaltete Auflage vom Jahre 1726 wurde ein junger Mediziner namens Henry Pemberton zu Newtons Unterstützung gewonnen; trotz seiner geringen mathematischen Vorbildung arbeitete sich Pemberton mit vollem Erfolg in den schwierigen Stoff ein. Auch Newton war, obwohl schon im neunten Lebensjahrzehnt stehend, nach Kräften um Anpassung an neuere Forschungsergebnisse bemüht. So erbat er sich von seinem früheren Helfer Halley, der inzwischen zum Direktor des Observatoriums in Greenwich berufen worden war, genauere Angaben über den berühmten Kometen von 1680. Bedauerlicherweise fiel jedoch in der dritten Auflage jener Satz weg, der eine gerechte Würdigung der mathematischen Leistung von Leibniz enthalten hatte.

In seinen letzten Jahren genoß Newton die ihm von allen Seiten

erwiesenen Ehrungen und Wertschätzungen, durch die französische
Akademie, durch die Royal Society, durch Freunde und Bekannte.
Auch bei Hofe stand er in hoher Gunst.

Abgesehen von dem noch lange anhaltenden Streit mit Leibniz
und seinen Anhängern, der auch nach Leibniz' Tod (1716) heftig
weitergeführt wurde, verbrachte Newton einen ruhigen Lebens-
abend, bis ins hohe Alter ohne ernstliches Leiden. Erst 1722, also
im 80. Lebensjahr stehend, erkrankte er an Gicht, einem Blasen-
leiden und litt unter Gallensteinen. Seine Freunde verschafften
ihm in Kensington einen neuen Wohnsitz, einem Ort, der damals
noch ziemlich außerhalb Londons lag und gesündere Luft bot.
Trotz zunehmender Beschwerden nahm Newton seine Pflichten
gegenüber der Royal Society gewissenhaft wahr; noch am 28. Februar 1727 führte er in London auf einer Tagung der Society den
Vorsitz.

Doch Anfang März, nach der Rückkehr nach Kensington, erkrankte
Newton ernstlich. Heftige Anfälle von Gallensteinbeschwerden
plagten ihn schrecklich. Am Abend des 18. März wurde Newton
bewußtlos; er starb in der Nacht vom 20. auf den 21. März 1727
im Alter von 84 Jahren.

Newton war einer der ersten Naturforscher, die ein Staatsbegräb-
nis erhielten. Er wurde feierlich in der Westminster Abbey beige-
setzt, der Stätte, an der die berühmtesten Künstler, Gelehrten,
Staatsmänner, Feldherren und Admirale der englischen Geschichte
zur letzten Ruhe gebettet wurden. Vor Newton war diese hohe
Ehre u. a. dem mittelalterlichen Dichter und Astronomen Geoffrey
Chaucer, dem ersten Historiographen der Royal Society Thomas
Sprat und Isaac Barrow, Newtons Lehrer und Freund, zuteil geworden.

Die damals eingeführte Tradition hat sich bis heute bewahrt, und
der Besucher findet dort jetzt die Grabplatten und Gedenksteine
von James Watt, George Stephenson, Charles Darwin, Charles
Lyell, William Herschel, John Couch Adams, George Stokes, James Clerk Maxwell, Thomas Young, Humphry Davy, Michael
Faraday, Lord Kelvin, James Prescott Joule, Lord Rayleigh, William Ramsay, Joseph John Thomson, Ernest Rutherford – um nur
einige der bedeutendsten Ingenieure, Naturwissenschaftler und
Mathematiker Großbritanniens aufzuführen.

Vier Jahre nach Newtons Tod errichteten seine Verwandten ein pompöses, von der Kunstrichtung des Barocks geprägtes Memorial und ließen die folgende Grabinschrift anbringen, die zugleich ein Dokument damaliger Geisteshaltung darstellt.

Hier ruht Sir Isaac Newton, welcher als Erster mit nahezu göttlicher Geisteskraft die Bewegungen und Gestalten der Planeten, die Bahnen der Kometen und die Fluten des Meeres durch die von ihm entwickelten mathematischen Methoden erklärte, die Verschiedenheit der Lichtstrahlen sowie die daraus hervorgehenden Eigentümlichkeiten der Farben, welche vor ihm niemand auch nur geahnt hatte, erforschte, die Natur, die Geschichte und die Heilige Schrift fleißig, scharfsinnig und zuverlässig deutete, die Majestät des höchsten Gottes durch seine Philosophie darlegte und in evangelischer Einfachheit der Sitten sein Leben vollbrachte. Es dürfen sich alle Sterblichen beglückwünschen, daß diese Zierde des menschlichen Geschlechts ihnen geworden ist. Er wurde am 25. Dezember 1642 geboren und starb am 20. März 1727.

Ausklang. Nachwirkung

> An ihn [Newton] denken heißt an sein Werk denken. Denn
> ein solcher Mann kann nur verstanden werden, wenn man
> ihn als einen Schauplatz begreift, auf dem der Kampf um die
> ewige Wahrheit stattfand ...
>
> Albert Einstein

> Newton verzeih mir; du fandest den einzigen Weg, der zu
> deiner Zeit für einen Menschen von höchster Denk- und Ge-
> staltungskraft eben noch möglich war. Die Begriffe, die du
> schufst, sind auch jetzt noch führend in unserem physikali-
> schen Denken, obwohl wir nun wissen, daß sie durch andere,
> der unmittelbaren Erfahrung ferner stehende ersetzt werden
> müssen, wenn wir ein tieferes Begreifen der Zusammenhänge
> anstreben.
>
> Albert Einstein

Isaac Newton nimmt eine einzigartige Stellung in der Geschichte
der Naturwissenschaften ein. Newton hat wie wohl keine andere
Einzelpersönlichkeit Inhalt und Struktur der Naturwissenschaft
einer ganzen Periode für mehr als zwei Jahrhunderte geprägt. Er
vermochte es, die während des 16. und 17. Jahrhunderts von seinen Vorgängern eingeleitete wissenschaftliche Revolution weiterzuführen und zu vollenden. Newton war sich dieser Verpflichtung
an seine Wegbereiter bewußt. Er selbst sprach davon, daß er „auf
den Schultern von Riesen stehend weiter als diese habe blicken
können"; dieses Gleichnis spielt an auf Copernicus, Galilei und
Kepler, auf Huygens und Descartes, auf Fermat und Boyle und
auf seinen verehrten Lehrer und Freund Isaac Barrow.
Newton war in eine den Naturwissenschaften selten günstige Ent-
wicklungssituation hineingeboren worden; die historische Tendenz
der Fortentwicklung von Produktivkräften und Produktionsverhältnissen während der Entfaltung der frühbürgerlichen Gesellschaft
wirkte objektiv. Es macht die Größe und die Leistung Newtons
aus, daß er, in den Traditionen des Baconschen Wissenschaftsutili-
tarismus stehend, die Möglichkeiten und Notwendigkeiten der
Weiterentwicklung der Naturwissenschaften erkannt hat und dies
sogar in doppelter Weise: Als aktiver, schöpferischer Wissenschaftler verstand er es, die theoretische Durchdringung der experimentellen Ergebnisse mit dem Blick auf die praktischen Wirkungen

der Naturwissenschaften zu verbinden. Als Wissenschaftsorganisator, insbesondere in seiner jahrzehntelangen Tätigkeit als Präsident der Royal Society, schuf er seinen Kollegen, Schülern und überhaupt der nächsten Wissenschaftlergeneration institutionell-organisatorischen Spielraum für deren wissenschaftlich-technische Problemstellungen.

Es lag nicht an Newton, daß es bereits im ersten Drittel des 18. Jahrhunderts zu einer Ernüchterung bezüglich allzu hoch gesteckter Ziele für die Wirksamkeit damaliger Naturwissenschaft in der Praxis und damit zu einem Erlahmen des Schwunges und der Begeisterung kam. Erst die Industrielle Revolution, die in England in den 70er Jahren des 18. Jahrhunderts einsetzte, stellte auch den Naturwissenschaften ganz neue und erweiterte Aufgaben und bot ihnen vor allem in der Periode des Übergangs vom Manufaktur- zum Fabriksystem nach Art und Umfang erweiterte Möglichkeiten der Anwendung.

Newton hatte noch die Genugtuung zu erleben, wie seine mathematisch-physikalische Konzeption des Weltbildes zum Grundschema der gesamten Naturwissenschaft wurde. Zu Anfang des 18. Jahrhunderts war die lange Zeit vorherrschende Cartesische Naturphilosophie nicht nur auf den Britischen Inseln, sondern auch auf dem Kontinent endgültig geschlagen und überwunden. Und wenn es noch einer äußeren, endgültigen Bestätigung Newtons gegen Descartes bedurft hätte, so lieferte sie die in Lappland vorgenommene Gradmessung der Jahre 1736 bis 1737 unter der Leitung von Pierre Louis Moreau de Maupertuis. Sie bewies, daß – wie es die Newtonsche Theorie fordert – die Erde an den Polen abgeplattet ist und nicht an den Polen verlängert, wie es nach der Theorie des Descartes hätte sein müssen.

Newton ist am Ende seines Lebens den subjektiven Gefahren nicht völlig entgangen, die ihm aus seiner beherrschenden Stellung unter den Naturforschern seiner Zeit erwuchsen. Bemerkenswerterweise wurde diese Autorität von ihm in überwiegendem Maße indirekt, durch die Meinungsäußerung seiner Schüler und Anhänger, ausgeübt.

In wichtigen Punkten, da, wo sein Originalwerk früher Jahrzehnte verschiedenartige Interpretationen zuließ, nahm Newton keine klare Haltung ein. So kam es, daß sich schon zu Lebzeiten, erst recht aber im ausgehenden 18. Jahrhundert, ein Bild von Newton entwickelte, das keineswegs dem historischen Newton gerecht wird, das aber dennoch bis in unsere Gegenwart hinein als angeblich authentisch herangezogen wird. Erstaunlicherweise betrifft dies sogar zwei entscheidende Punkte im Lebenswerk von Newton, die Gravitationstheorie und die Lichttheorie. Die Newton zugeschriebene Fernwirkungstheorie der Gravitation findet sich bei ihm ebensowenig in dieser klaren, alternativlosen Form wie die ausschließliche Fixierung auf die Korpuskulartheorie des Lichtes.

Newtons spezifische Form der Infinitesimalrechnung, die Fluxionsrechnung, wurde noch zu seinen Lebzeiten durch die Leibnizsche Infinitesimalrechnung verdrängt, da diese weitaus geschicktere und handhabbarere Bezeichnungen aufwies. Lediglich in England blieb, unter dem Einfluß der Anhänger Newtons, die Fluxionsrechnung weiterhin im Gebrauch, und es ist unverkennbar, daß diese Isolierung vom eigentlichen Strom der mathematischen Entwicklung dazu beigetragen hat, die britischen Mathematiker in Rückstand zur Mathematik auf dem Kontinent gelangen zu lassen.

Darum gründete im Jahre 1812 eine Gruppe von jungen Mathematikern gerade in Cambridge eine „Analytical Society" mit der Absicht, die Differentialschreibweise auch in England durchzusetzen. Zu ihren Wortführern gehörten die Algebraiker George Peacock, der erste Konstrukteur einer programmgesteuerten Rechenmaschine, Charles Babbage und der hervorragende Astronom John Herschel, Sohn des berühmten Astronomen William Herschel. Bis zum Ende des 19. Jahrhunderts konnte sich die von Newton geprägte Struktur der Physik fast uneingeschränkter Anerkennung erfreuen; Naturprozesse bestanden aus dem Wechselspiel von Zentralkräften zwischen Massenpunkten. In diesem Sinne bezeichnete es noch Hermann von Helmholtz als erklärtes Ziel, „alle Physik in Mechanik aufzulösen", d. h. auf Mechanik zurückzuführen.

Die Wandlung der Struktur der Physik setzte bereits ein mit der von Michael Faraday gedanklich konzipierten Feldvorstellung, und sie wurde vollzogen mit der in mathematische Form gebrachten elektromagnetischen Lichttheorie durch James Clerk Maxwell. Neben die eine einzige physikalische Grundkategorie der Masse trat nun eine zweite, die des Feldes. Neben die Fernwirkung war gleichberechtigt die Nahwirkung getreten.

Schließlich war es Albert Einstein, der mit seiner Relativitätstheorie vom Anfang des 20. Jahrhunderts eine Revolution in den

Grundbegriffen der Physik auslöste. Raum, Masse und Zeit können nicht mehr als voneinander unabhängige Größen der Physik gelten. Die Newtonsche Physik ergibt sich aus der relativistischen Physik, wenn man Bewegungsvorgänge betrachtet, deren Geschwindigkeit vergleichsweise klein gegen die Lichtgeschwindigkeit ist.

In jenem mehrfachen Sinne des Wortes ist die Newtonsche Physik in der heutigen modernen Physik aufgehoben, nämlich höherentwickelt, überholt und dennoch bewahrt als unvergängliche wissenschaftliche Leistung.

Chronologie

1546	An der Universität Cambridge wird das Trinity College gegründet.
1558–1603	Herrschaft der englischen Königin Elisabeth I., Tochter Heinrichs VIII.; Höhepunkt des englischen Absolutismus.
1564–1642	Lebenszeit von Galileo Galilei.
1566	Gründung der Londoner Börse durch Thomas Gresham.
1600	Gründung der britischen Ostindischen Kompanie.
1603	Jakob I., aus dem Hause Stuart, englischer König.
1621	Der Philosoph Francis Bacon, der als Lordkanzler tätig war, wird seines Postens enthoben.
1625	Karl I., König von England.
1629–1695	Lebenszeit von Christiaan Huygens.
1635–1703	Lebenszeit von Robert Hooke.
1642	Sommer; Beginn der bürgerlichen Revolution, bewaffnete Auseinandersetzung zwischen den Royalisten und den bürgerlichen Kräften unter Oliver Cromwell.
1643	4. Januar. Isaac Newton wird in Woolsthorpe bei Grantham/Lincolnshire geboren (gregorianische Datierung). (Nach julianischer Kalenderrechnung fiel der Geburtstag auf den 25. 12. 1642.)
1645	Entscheidender Sieg von Cromwell über König Karl I.
1646–1716	Lebenszeit von Gottfried Wilhelm Leibniz.
1649	Prozeß gegen Karl I., Hinrichtung des Königs, Errichtung der bürgerlichen Republik (Commonwealth) durch Cromwell.
1656–1742	Lebenszeit von Edmond Halley.
1658	Tod von Oliver Cromwell, dem Lordprotektor; kurze Zeit regiert sein Sohn weiter.
1660	Karl II. übernimmt nach der Restauration der Monarchie in England die Regierungsmacht.
1661	5. Juni, Newton wird am Trinity College der Universität Cambridge als Student aufgenommen.
1662	In London wird die „Royal Society", die englische Akademie, gegründet.
1663	In Cambridge wird ein naturwissenschaftlicher Lehrstuhl gestiftet, die Lucas-Professur. Mit Isaac Barrow erhält er gleich

anfangs einen hervorragenden Vertreter, der Newton in die Naturwissenschaften einführt.

1664	Newton wird von Barrow geprüft und zum Scholar gewählt.
	Robert Boyle publiziert eine Lehre von den Farben (Experiments and Considerations touching Colours).
	Newton vermag die Länge von Kurven, die Tangenten und die Fläche von Kreissektoren durch den Gebrauch unendlicher Reihen zu berechnen.
1665	Hooke veröffentlicht die „Micrographia", in der über Beobachtungen mit dem Mikroskop berichtet und eine Theorie der Farben dargelegt wird.
1665–1667	Newton lebt überwiegend in seinem Heimatdorf; die Universität Cambridge ist wegen der Pest geschlossen. Produktivste wissenschaftliche Phase Newtons. 1665, möglicherweise bereits 1664, ist er im Besitz des Binominaltheorems.
1666	In Paris wird die Französische Akademie gegründet.
	Der große Brand von London; die Innenstadt fast völlig zerstört.
	Newton verfaßt eine Untersuchung zur Optik unter dem Titel „Of Colours".
1667	Oktober; Newton wird zum „minor fellow", also in den Lehrkörper an der Universität Cambridge gewählt.
	John Milton, fortschrittlicher Dichter, veröffentlicht erblindet sein bedeutendstes Werk, „Das verlorene Paradies".
1668	Barrow vollendet die „Lectiones Opticae et Geometriae" und erwähnt Newton als Wissenschaftler.
	März; Newton wird „major fellow" in Cambridge.
	Juli; Newton wird „master of arts" (Magister).
	Newton stellt das erste Exemplar seines Spiegelteleskopes her; ein zweites wird 1671 fertig.
1669	Barrow verzichtet auf den Lucas-Lehrstuhl in Cambridge zugunsten seines Schülers Isaac Newton.
	Newton wird, als Nachfolger seines Lehrers Barrow, Professor für Mathematik an der Universität Cambridge.
	Mittels Reihenentwicklung berechnet Newton die Fläche unter einer Hyperbel.
	Der Däne Erasmus Bartholinus macht die Entdeckung von der Doppelbrechung des Kalkspates bekannt.
1670	Newton nimmt in Cambridge die Vorlesungstätigkeit auf.
	Durch den berühmten Mathematiker und Architekten Christopher Wren wird die St.-Pauls-Kathedrale in London vollendet.
1672	Newton überreicht der Royal Society ein eigenhändig angefer-

tigtes Exemplar eines Spiegelteleskopes und wird daraufhin am 11. Januar Mitglied der Royal Society.

Mit Brief vom 6. Februar gibt Newton seine Experimente über die Zerlegung des Lichtes in Spektralfarben bekannt.

Jahresende; Barrow kehrt als Master of Trinity College nach Cambridge zurück.

1673	Newton beginnt mit Vorlesungen zur Algebra und setzt sie fort bis 1683.
1674–1676	Die politischen Parteien der Whigs und der Tories bilden sich heraus, die Whigs vertreten die Interessen der Bourgeoisie, die Tories die des Landadels und des Königshofes.
1675	Das „Royal Observatory" in Greenwich wird errichtet. John Flamsteed wird erster „Royal Astronomer". Oktober; Leibniz macht die grundsätzlichen Entdeckungen zur Differential- und Integralrechnung; publiziert darüber in den 80er Jahren, zeitlich vor Newton.
1677	Unerwarteter, früher Tod von Isaac Barrow.
1678	Plötzlicher Tod von Henry Oldenburg.
1679	Charles Montague, ein junger Adliger, wird am Trinity College immatrikuliert, Beginn der Freundschaft mit Newton.
1683	Nach langer Krankheit stirbt John Collins.
1685	Jakob II., ein überzeugter Katholik, wird neuer englischer König.
1687	Newtons „Philosophiae naturalis principia mathematica" erscheinen im Druck; die Kosten übernimmt Halley.
1688	Die sog. „glorious revolution"; König Jakob II. wird von Wilhelm von Oranien vertrieben.
1690	John Locke, englischer Philosoph und Vertreter des Empirismus, befreundet mit Newton, veröffentlicht sein philosophisches Hauptwerk „Versuch über den menschlichen Verstand".
1694	Gründung der Bank von England; deutliches Anzeichen der ökonomischen Stärke der englischen Bourgeoisie.
1696	29. März; Newton wird zum Aufseher der Königlichen Münze (Warden of the Mint) berufen. Newton siedelt nach London über.
1699	Newton wird Direktor der Münze (Master of the Mint). Newton wird Mitglied der Pariser Akademie der Wissenschaften.
1701	Ende des Jahres; Newton gibt wegen seiner Verpflichtungen in London das Lehramt in Cambridge und die Mitgliedschaft im Trinity College auf.
1702	Königin Anna von England, die letzte Herrscherin aus dem Hause der Stuarts.

1703	Newton Präsident der Royal Society.
1704	Newton veröffentlicht seine optischen Untersuchungen in zusammenhängender Form unter dem Titel „Opticks" und als Anhang die Abhandlung „Quadratura Curvarum".
1705	Newton wird von der englischen Königin Anna in den Adelsstand erhoben; sein offizieller Titel ist nun „Sir Isaac".
1707	Union zwischen England und Schottland. Newtons „Arithmetica universalis" erscheint im Druck.
1707–1783	Lebenszeit von Leonard Euler.
1710	Bischof George Berkeley, Vertreter des subjektiven Idealismus, veröffentlicht die „Abhandlung über die Prinzipien der menschlichen Erkenntnis".
1711	Newtons Abhandlung über die Reihenlehre „Analysis per aequationes numero terminorum infinitas" erscheint im Druck.
1711–1765	Lebenszeit von Michail Wassiljewitsch Lomonossow.
1712	Royal Society beschuldigt Leibniz in einem Gutachten offen des Plagiats an der Newtonschen Fluxionsrechnung.
1713	Die zweite Auflage der „Principia" erscheint, herausgegeben von Roger Cotes.
1714	Der Kurfürst von Hannover wird als Georg I. König von England.
1719/20	Defoe schreibt den „Robinson Crusoe".
1726	Swift veröffentlicht „Gullivers Reisen". Die dritte Auflage der „Principia" erscheint, herausgegeben von Henry Pemberton.
1727	Georg II., König von England. 31. März (nach julianischem Kalender 20. März); Isaac Newton stirbt in Kensington, in der Nähe von London.
1736	Publikation von „The Method of Fluxions and Infinite Series" in der Übersetzung von Colson aus Newtons unvollendetem lateinischem Manuskript.

Literatur (Auswahl)

[1] I. Newton: Philosophiae naturalis principia mathematica. London 1687.

[2] I. Newton: The Method of Fluxions. London 1736.

[3] F. Rosenberger: Die Geschichte der Physik in Grundzügen mit synchronistischen Tabellen der Mathematik, der Chemie und beschreibenden Naturwissenschaften sowie der allgemeinen Geschichte. Braunschweig, Bd. 1 1882, Bd. 2 1884.

[4] R. Reiff: Geschichte der unendlichen Reihen. Tübingen 1889.

[5] F. Rosenberger: Isaac Newton und seine physikalischen Prinzipien. Leipzig 1895.

[6] I. Newton: Optik oder Abhandlung über Spiegelungen, Brechungen, Beugungen und Farben des Lichts. I. Buch. Ostwalds Klassiker der exakten Wissenschaften Nr. 96. Leipzig 1898.

[7] I. Newton: Optik oder Abhandlung über Spiegelungen, Brechungen, Beugungen und Farben des Lichts. II. und III. Buch. Ostwalds Klassiker der exakten Wissenschaften Nr. 97. Leipzig 1898.

[8] I. Newton: Abhandlung über die Quadratur der Kurven (1704). Ostwalds Klassiker der exakten Wissenschaften Nr. 164. Leipzig 1908.

[9] M. Ornstein: The Role of Scientific Societies in the Seventeenth Century. Chicago 1928.

[10] B. M. Hessen: Social'no-ekonomičeskije korni mechaniki Newtona. Moskva, Leningrad 1933.

[11] H. W. Turnbull: The Mathematical Discoveries of Newton. 2. Aufl. London, Glasgow 1947.

[12] J. E. Hofmann: Die Entwicklungsgeschichte der Leibnizschen Mathematik während des Aufenthaltes in Paris (1672–1676). München 1949.

[13] S. I. Wawilow: Isaac Newton. Berlin 1951 (Aus dem Russischen).

[14] J. E. Hofmann: Der junge Newton als Mathematiker. Math.-phys. Semesterberichte 2 (1951/52) S. 45–70.

[15] O. Becker: Grundlagen der Mathematik in geschichtlicher Entwicklung. Freiburg, München 1954.

[16] Unpublished Scientific Papers of Isaac Newton. A Selection from the Porthmouth Collection in the University Library Cambridge. Chosen, edited and translated by A. R. Hall and M. B. Hall. Cambridge 1962.

[17] J. O. Fleckenstein: Der Prioritätsstreit zwischen Leibniz und Newton. Beiheft 12 zur Zeitschrift „Elemente der Mathematik". Basel, Stuttgart 1956.

[18] J. E. Hofmann: Geschichte der Mathematik. Teil II. Berlin 1957.

[19] M. Boas und A. Rupert Hall: Newton's Chemical Experiments. Archives internationales d'Histoire des Sciences 11 (1958) S. 113–152.

[20] The Correspondence of Isaac Newton. Bd. 1–7. Cambridge 1959 bis 1977.

[21] St. F. Mason: Geschichte der Naturwisserschaft in der Entwicklung ihrer Denkweisen. Stuttgart 1961 (Aus dem Englischen).

[22] H. Wußing: Bernard Bolzano und die Grundlegung der Infinitesimalrechnung. NTM Schriftenreihe für Geschichte der Naturwissenschaften, Technik und Medizin 1 (1961) H. 3, S. 57–73.

[23] L. T. More: Isaac Newton. A Biography. New York 1934. 2. Aufl. 1962.

[24] G. Harig: Die Tat des Kopernikus. Leipzig, Jena, Berlin 1962.

[25] K. Marx; F. Engels: Werke. Bd. 20. Berlin 1962.

[26] K. Marx; F. Engels: Werke. Bd. 23. Berlin 1962.

[27] J. Ph. Wolfers: Sir Isaac Newton's Mathematische Prinzipien der Naturlehre. Berlin 1872 (Nachdruck Darmstadt 1963).

[28] J. Herivel: The Background to Newtons Principia. Oxford 1965.

[29] A. Rupert Hall: Die Geburt der naturwissenschaftlichen Methode. Gütersloh 1965 (Aus dem Englischen).

[30] H. Wußing: Mathematik in der Antike. 2. Aufl. Leipzig 1965.

[31] D. T. Whiteside (Ed.): The Mathematical Papers of Isaac Newton. Bd. 1–8. Cambridge 1967–1981.

[32] A. I. Sabra: Theories of Light. From Descartes to Newton. London 1967.

[33] H. Hönl: Isaac Newton. In: Der Natur die Zunge lösen. Leben und Leistung großer Forscher. Hrsg. v. W. Gerlach, München 1967, S. 64–74.

[34] J. A. Lohne; B. Sticker: Newtons Theorie der Prismenfarben. Mit Übersetzung und Erläuterung der Abhandlung von 1672. München 1969.

[35] Chr. J. Scriba: Neue Dokumente zur Entstehungsgeschichte des Prioritätsstreites zwischen Leibniz und Newton um die Erfindung der Infinitesimalrechnung. In: Akten des Internationalen Leibniz-Kongresses, Hannover 1966. Bd. II. Mathematik-Naturwissenschaften. Wiesbaden 1969.

[36] D. J. Struik: A Source Book in Mathematics, 1200–1800. Cambridge (Mass.) 1969.

[37] B. G. Kuznecov: Von Galilei bis Einstein. Entwicklung der physikalischen Ideen. Berlin 1970 (Aus dem Russischen).

[38] I. Bernard Cohen: Introduction to Newton's „Principia". Cambridge 1971.

[39] H. Wußing: Zum 400. Geburtstag von Johannes Kepler am 27. Dezember 1971. Mathematik in der Schule 9 (1971) H. 12.

[40] D. J. Struik: Abriß der Geschichte der Mathematik. 5. Aufl. Berlin 1972.

[41] J. Wickert: Albert Einstein in Selbstzeugnissen und Bilddokumenten. Reinbeck bei Hamburg 1972.

[42] Weltgeschichte in Daten. 2. Aufl. Berlin 1973.

[43] A. T. Grigor'jan: Mechanika ot antičnosti do našich dnej. Moskva 1974.

[44] Thomas Harriot, Renaissance Scientist. Ed. J. W. Shirley. Oxford 1974.

[45] Ja. G. Dorfman: Vsemirnaja istorija fiziki s drevnejšich vremen do konca XVIII veka. Moskva 1974.

[46] H. Wußing: Gottfried Wilhelm Leibniz und die Mathematik. Spektrum 6 (1975) H. 9.

[47] E. A. Fellmann. Newtons Principia. Jahresbericht Dt. Math. Verein. 77 (1975) H. 3, S. 107–137.

[48] H. Wußing: Vorlesungen zur Geschichte der Mathematik. Berlin 1979.

[49] H. H. v. Borzeszkowski; R. Wahsner: Newton und Voltaire. Zur Begründung und Interpretation der klassischen Mechanik. Berlin 1980.

[50] A. Hermann: Weltreich der Physik. Von Galilei bis Heisenberg. 2. Aufl. Eßlingen 1981.

[51] J. Hoppe: Johannes Kepler. 5. Aufl. Leipzig 1987.

[52] F. Herneck: Albert Einstein. 7. Aufl. Leipzig 1986.

[53] H. Wußing: Carl Friedrich Gauß. 5. Aufl. Leipzig 1989.

[54] E. Schmutzer; W. Schütz: Galileo Galilei. 5. Aufl. Leipzig 1983.

[55] J. Treder: Große Physiker und ihre Probleme: Studien zur Geschichte der Physik. Berlin 1983.

[56] Biographien bedeutender Mathematiker. Hrsg. von H. Wußing und W. Arnold. 3. Aufl. Berlin 1983.

[57] H. Wußing (Hrsg.): Geschichte der Naturwissenschaften. Leipzig 1983.

[58] I. Bernard Cohen: The Newtonian Revolution. Cambridge, London, New York, New Rochelle, Melbourne, Sydney 1983.

Personenregister

BAND 57

D. B. Herrmann, Berlin

Karl Friedrich Zöllner

95 Seiten mit 14 Abbildungen. 1982
Kartoniert 4,80 M; Ausland 6,80 M
Bestell-Nr. 666 086 4
Bestellwort: Herrmann, Zoellner

Inhalt:

Jugendzeit und Studienjahre in Berlin und Basel
Die Leipziger Jahre
Zöllners philosophische Auffassungen
Polemik und Spiritismus
Fortführung wissenschaftlicher Arbeiten
Die letzten Jahre
Chronologie

BSB B. G. Teubner Verlagsgesellschaft Leipzig

Titel dieser Reihe: